아빠와 함께
시네마 천국

아빠와 함께 시네마 천국

유아동 자녀와 함께 볼 만한 좋은 영화 50편

초판 1쇄   2019년 11월 25일
초판 2쇄   2019년 12월 9일

지은이   김용익
펴낸이   김상철
발행처   스타북스
등록번호   제300-2006-00104호
주소   서울특별시 종로구 종로1가 르메이에르 1415호
전화   02) 735-1312
팩스   02) 735-5501
이메일   starbooks22@naver.com
ISBN   979-11-5795-484-1 13590

ⓒ 2019 Starbooks Inc.
Printed in Seoul, Korea

• 이 도서의 국립중앙도서관 출판예정도서목록(CIP)은 서지정보유통지원시스템 홈페이지(http://seoji.nl.go.
  kr)와 국가자료공동목록시스템(http://www.nl.go.kr/kolisnet)에서 이용할 수 있습니다. (CIP제어번
  호 : CIP2019043759)

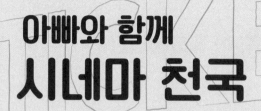

아빠와 함께
시네마 천국

유아동 자녀와
함께 볼 만한
좋은 영화 50편

아버지
교육
입문서

김용익 지음

스타북스

아버지교육, 꼭 필요합니다!

저는 아이가 태어나고 첫 일 년 동안 회사일이 바쁘다는 핑계로 가정에 소홀했던 것이 사실입니다. 또한 제가 돈을 벌고 있으니까, 살림하고 아이 돌보는 일은 당연히 아내의 몫이라는 생각도 있었습니다. 반면 양육에 대한 구체적인 정보를 접할 수 있는 기회가 없다 보니, 어떻게 해야 할지 몰라 눈치만 보던 때도 있었습니다. 그래도 아이가 걸음마를 시작하고 활동이 조금 자유로워지면서 녀석과 함께 할 수 있는 일들이 생겼고, 그 시간이 조금씩 즐겁다는 것을 깨닫게 되었습니다. 시간은 여전히 부족했지만 짬을 내려고 노력했고, 주어진 시간 동안 최대한 즐거운 시간을 보내려 했습니다. 그런 가운데 직장에서 유아동 관련 업무를 맡게 되었고, 어느덧 유아교육학이라는 새로운 학문과 아버지교육을 집중적으로 공부할 수 있는 기회도 갖게 되었습니다. 어느새 아장아장 발을 떼며 호기심 어린 눈으로 세상을 바라보던 아들은 중학생이 되었습니다. "아이들은 금세 자란다."고 말씀하시던 어른들 말씀이 실감납니다. 예전에는 아이와 뭘 해야 할지 몰라 허둥대던 저는, 이제 아이와 함께 한 행복한 시간이 있었기에 어려운 세상살이도 잘 헤쳐갈 수 있었다고 감히 말할 수 있습니다. 또한 아이와 함께 한 촘촘한 기억 그리고 현재의 삶에 대한 만족이 있기에, 앞으로도 아이와 잘 지내고 행복한 가정을 만들 수 있다는 자신감이 있습니다. 그리고 그런 자신감의 근거가 바로 아버지교육이라고 생각합니다.

'아버지교육'이란 무엇일까요?

우리는 세상을 살아가기 위해 차근차근 교육을 받습니다. 유치원, 초등, 중

등, 고등학교를 거쳐 대학에서 공부하고, 그 밖에 다양한 형태로 교육에 참여합니다. 이런 과정을 거쳐 자신에게 적합한 진로를 선택하고, 이후 전문성을 키우기 위해 재교육을 받기도 합니다. 그렇다면 아빠들에게 이런 질문을 던져봅니다. "결혼해서 아이를 낳으면 대략 20~30년가량 자녀를 키우게 되는데, 당신은 과연 아빠로서 자녀를 어떻게 키울 것인지 진지하게 고민하고 체계적으로 공부한 적이 있나요?"

많은 아빠들이 군대 제대 후 바늘구멍 같은 취업문을 뚫기 바빴고 어느새 가정을 이뤄 자녀를 낳았지만, 가정과 양육에 대해 깊이 있는 고민을 해볼 겨를이 없었습니다. 반면 어느새 훌쩍 커버린 아이를 보면서, '나는 지금 아이를 잘 키우고 있는지? 아버지로서 자격은 있는 건지?' 걱정스럽고 불안하기도 합니다. 그래서 저는 대단하고 거창한 아버지교육이 아니라, 소소한 일상 속에서 아버지로서 대안을 찾아보려 합니다.

그렇다면 먼저 '아버지교육'이란 무엇일까요? 저는 다음 네 가지로 아버지교육을 정리해 보았습니다.

① 아버지 스스로의 성찰을 바탕으로
② 아버지 역할에 대한 정보 제공을 통해
③ 바람직한 자녀 양육을 돕는
④ 실천적인 교육입니다.

첫째, 아버지교육은 아버지 스스로의 성찰을 통해 가능합니다. 아빠는 하루하루 바쁜 일상을 살아가지만, 자녀의 해맑은 모습을 보며 아버지로서 나의 역할을 고민합니다. 또한 삶을 살아가는 한 명의 인간으로서 부족한 나 자신에 대해 실망하기도 하고 또한 의지를 다지며 더욱 노력하기도 합니다. 이러한 스스로의 고민과 성찰이 아버지로 살아갈 짧지 않은 과정의 근본적인 에너지가 됩니다.

둘째, 아버지교육을 통해 바람직한 아버지 역할에 대한 정보를 얻게 됩니다. 아버지 역할에 대한 고민과 방법은 이미 선배 아빠들의 경험과 다양한 연구를 통해 많은 데이터가 축적되어 있습니다. 자녀의 행동을 왜곡된 시각으로 보거나 오해하는 것이 아니라, 자녀를 이해하고 공부하는 노력이 필요합니다.

셋째, 아버지교육을 통해 바람직한 자녀 양육에 대한 방향 감각을 가질 수 있습니다. 스스로의 성찰과 아버지 역할에 대한 정보는, 자녀를 양육하면서 다양한 일들과 마주하면서 합리적으로 생각하고 행동할 수 있는 가이드라인이 될 것입니다.

넷째, 아버지교육을 통해 고민한 성찰과 지식을 가정에서 실천해야 합니다. 아버지의 역할은 자녀가 유치원, 초등학교 다닐 때 반짝했다가 끝나는 것이 아니라 사춘기를 지나 청년이 되고 스스로 독립할 때까지, 아니 그 이후에도 지속되는 기나긴 여정입니다. 아버지교육은 머리 속에 담아두는 지식이 아니라, 끊임없이 반성하고 성찰하면서 삶에 적용하는 실천이 중요합니다.

이 책은 이렇게 활용하세요

저는 이런 아버지교육의 내용을 오랜 기간 동안 아이와 함께 봤던 영화들 속에서 조금씩 찾을 수 있었습니다. 처음부터 영화를 보면서 아버지교육에 대한 글을 쓰겠다고 생각한 건 아닙니다. 그저 아이를 무릎에 앉히고 한 편 한 편 영화를 보는 것이 좋았습니다. 사실 아이들이 보는 영화 속에서 무언가 대단한 것을 기대하지 않았고, 오히려 지루한 시간이 빨리 지나가길 바라던 게 사실입니다. 하지만 놀라운 일이 벌어졌습니다. 영화를 보면서 아이는 당연히 즐거워했지만, 저 역시 많은 감동을 받았고 영화에 몰입하고 있다는 것을 알게 되었습니다. 마치 그림책을 얕잡아 보던 부모가 아이와 함께 책장을 하나둘 넘기다 큰 감동을 받는 것처럼, 저 역시 영화를 보며 그런 감정을 느꼈습니다.

저는 유아동 서적과 영상물 담당 바이어로 일했고 아버지란 주제로 대학원에서 공부를 이어가다 보니, 자연스럽게 주변에서 자녀와 함께 볼 만한 책이나 영상물에 대한 추천 요청을 받게 되었습니다. 그런데 시중에서 유아동 서적에 대한 추천은 넘쳐나지만, 반면 좋은 유아동 영상물에 대한 정보는 찾아보기 어려운 게 현실입니다. 아마도 책의 교육적 가치에 대해서는 이견이 없지만, 유아동 영상물을 바라보는 시각에 대해서는 의견이 나뉘기 때문이 아닐까 생각합니다. 반면 2013년 육아정책연구소의 자료(참고1)에 따르면, 우리나라 영유아의 경우 TV는 0.8세, 컴퓨터는 2.5세, 스마트기기는 2.3세에 처음 접해, 영아기부터 미디어에 쉽게 노출됩니다. 또한 만 3~5세의 유아는 하루 평균 주중 179분(2시간 59분), 주말·공휴일은 234분(3시간 54분) 동안 TV, 컴퓨터, 스마트폰을 사용해 하루 평균 3~4시간 미디어를 이용하는 것이 현실입니다.

저는 이런 자료를 보면서 우선 아빠들이 의지를 갖고 짧은 시간이라도 꾸준히 자녀와 함께 놀이를 하고 상호작용하면서 충분한 시간을 가져야 한다고 생각합니다. 반면 현실적으로 어떻게 미디어와 영상물을 활용해야 할지에 대한 고민도 필요합니다. 모든 영상물이 아이들에게 바람직한 것은 아니기에, 아빠는 자녀의 흥미를 고려하면서 보호자 그리고 교육자의 시선으로 좋은 영상물을 선택하고 적절하게 소통의 도구로 사용하는 지혜가 요구됩니다.

이 책에 소개된 작품은 굉장히 화려하거나 오락적이지는 않지만, 우리 주변에서 일어날 수 있거나 때로는 상상력을 자극하는 주제로 아이들의 흥미와 호기심을 끌어냅니다. 최신 영화도 있지만 아빠들이 한 번쯤 봤거나 들어본 영화 중 자녀와 함께 볼 만한 영화를 제안해 보았습니다. 소개된 영화들은 기본적으로 '전체 관람가' 등급의 영화이며, '연령'을 표시한 것은 작품을 이해할 수 있는 개략적인 나이를 안내한 것입니다.

이 책은 각 영화별로 다음과 같이 세 가지 내용을 담고 있습니다.

① 영화 줄거리   ② 아빠 생각   ③ TIP

영화 줄거리는 스포일러가 되지 않기 위해 도입부 내용을 중심으로 간단히 정리했습니다. 아빠 생각은 자녀를 키우며 제가 주변에서 경험한 에피소드와 생각 위주로 정리했고, TIP은 주제와 관련된 양육 정보를 담았습니다. 이 책은 자녀와 볼 만한 좋은 영화를 소개하는 목적과 더불어 영화 속 아버지의 모습을 통해 우리의 현실을 살피고, '아버지교육 입문서'로서 정보와 지혜를 담으려 노력했습니다.

이 책이 만들어지기까지 부족한 남편을 위해 묵묵히 기도하고 지켜봐 준 아내 그리고 항상 아빠에게 든든한 힘이 되어 준 아들에게 고마움을 전하고, 적지 않은 나이의 제자를 받아 주시고 공부할 수 있도록 이끌어 주신 김낙흥 교수님께 존경의 마음을 전하고 싶습니다. 그리고 부족한 책의 초고를 읽고 조언해준 동료들과 책을 출판할 수 있도록 큰 도움을 주신 김상철대표님, 김경제대표님 그리고 출판사 여러분께 감사드립니다.

저자 김용익

Chapter 2
에릭슨의 8단계 발달 이론

Chapter 3
뇌 발달과 자녀 이해하기

Chapter 4

소통과 놀이

Chapter 6

부부 공동육아

Chapter 1
아버지의 역할

아버지의 역할

이번 장에서는 아버지교육의 내용 중 아버지의 역할을 생각해 보려고 합니다. 다양한 아버지의 역할 중 크게 다섯 가지로 바람직한 아버지의 역할을 정리해봅니다(참고2). ① 경제적으로 유능한 ② 다정다감한 ③ 민주적인 ④ 본보기가 되는 ⑤ 안내자로서 아버지 역할입니다.

① 경제적으로 유능한

사실 이것 하나만 해도 직장에서 일하는 아빠들에게 많은 도전과 부담이 되리라 생각합니다. 맞벌이로 부부가 함께 경제활동을 하는 경우가 많아졌지만, 여전히 자녀와 가족을 부양하는 아버지로서 가장 기본적인 역할입니다.

② 다정다감한

자녀와의 관계에서 권위적이지 않고 친근함을 바탕으로 소통과 상호 작용하는 역할이 필요합니다. 이런 정서적 관계 속에서 자녀가 자라게 되면 바람직한 훈육은 물론 학습과 진로에서도 긍정적인 아버지의 영향력을 미칠 수 있습니다. 또한 이렇게 아빠와 자녀의 친근한 관계가 전제되어야 ③ 민주적이고 ④ 본보기가 되며 ⑤ 안내자로서 아버지 역할로 이어질 수 있습니다.

③ 민주적인

자녀는 언젠가 부모의 곁을 떠나 스스로의 힘과 의지로 살아갈 독립적 존재입니다. 자녀는 영유아와 초등 저학년 시기에 부모로부터 많은 영향을 받게 되지만, 사춘기와 청소년기에 들어서면 친구, 선생님 등 다양한 사회적 관계로부터 영향을 받습니다. 이 시기 아빠는 의식적으로 민주적인 태도를 갖고 자녀를 존중해야 합니다. 하지만 그런 자세가 하루 아침에 만들어지는 것이 아니기에, 아빠는 영유아 시기부터 자녀를 존중하고 수평적 상호 작용을 하기 위해 꾸준히 노력해야 합니다.

④ 본보기

다정다감하고 민주적인 아빠를 바라보고 성장한 자녀는 자연스럽게 아빠에 대해 긍정적 생각을 갖게 되고, 아빠의 생각과 행동을 적극적으로 수용하고 닮으려 합니다. 물론 아빠의 행동이 모두 완벽할 수는 없겠지만, 아이들은 평소 아빠가 자신을 존중하고 사랑하는 모습을 생각하며 자신의 거울로 삼을 것입니다.

⑤ 안내자

자녀에게 친근하고 민주적이며 본보기가 되는 아빠를 보며 자란 아이는 자신에게 고민이 생겼을 때, 아빠라는 쉼터에 들러 쉬기도 하고 조언도 요청합니다. 자녀의 인생에 좋은 안내자가 될 수 있는 아빠의 권위는 그저 경제적 능력이 클 때 생기는 것이 아니라, 아빠의 삶을 오랫동안 지켜본 자녀가 진정으로 존중하고 존경하는 마음을 가질 때 얻을 수 있습니다.

아버지 역할의
재발견 시대

〈워터호스〉

　워터호스는 2차 세계 대전 중 스코트랜드 북부의 네스호를 배경으로 합니다. 전쟁이 일어나기 전 소년 앵거스는 아빠와 행복한 일상을 보내며 평범하게 살았지만, 전쟁 발발과 함께 아빠는 가족을 떠나 군인으로 참전합니다. 앵거스는 아빠와 함께 했던 일상을 그리워하며 전쟁이 빨리 끝나기를 고대하지만, 더욱 치열해지는 전쟁 소식과 함께 집안 분위기는 점점 적막하게 변합니다. 어느 날 앵거스는 바닷가를 거닐다 특이하게 생긴 돌 하나를 발견하고 집으로 가져오게 되는데, 그것은 돌이 아니라 처음 보는 알이었고 뜻밖에도 거기서 공룡처럼 생긴 바다 생물이 부화합니다. 앵거스는 고민 끝에 엄마 몰래 바다 생물을 키우기로 결심하고, 그 바다 생물에게 크루소란 이름도 지어줍니다. 전쟁이 더욱 긴박해지면서 독일군이 네스호를 통해 영국으로 쳐들어올 수 있다는 정보를 입수한 영국군은, 방어

를 위해 네스호 주변에 주둔하게 되고 앵거스 가족의 넓은 저택은 군인들의 숙소와 야전 기지가 되고 맙니다. 앵거스와 크루소의 우정은 점점 깊어 가지만, 이제 하루가 다르게 성장하는 크루소를 집에서 키우기 어려운 상황이 됩니다. 독일군 잠수함 침투에 대비한 영국군의 경계가 바다와 육지에서 더욱 삼엄해지는 가운데, 이제 어마어마한 크기로 자란 크루소가 발견되는 것은 시간문제일 뿐입니다. 과연 앵거스와 크루소는 군인들에게 들키지 않고 안전하게 우정을 키워갈 수 있을까요? 앵거스가 그토록 그리워하는 아빠는 전쟁터에서 무사히 돌아와 가족들과 함께 이전의 평범한 삶으로 돌아갈 수 있을까요?

MOVIE INFORMATION

워터호스

개봉 2008년
제작국 미국, 영국, 오스트레일리아
분류 모험, 가족, 판타지
출연 알렉스 에텔(앵거스), 에밀리 왓슨(엄마) 등
연령 초등학생 이상
런닝타임 111분

아버지 역할의 재발견 시대
〈워터호스〉

대학을 졸업하고 직장 생활을 하며 바쁘게 살아가는 한 아빠가 있었습니다. 마음은 가족과 많은 시간을 보내고 싶었지만, 첫째 아이를 낳은 후 사업이 더 바빠지며 일에 집중해야 했습니다. 그러던 중 둘째가 태어났고 일도 조금씩 자리잡혀 가면서, 가족과 함께 보낼 수 있는 여유가 생겼습니다. 하지만 훌쩍 커버린 초등학생 첫째 아들은 아빠와 단둘이서 집 앞 편의점에 가는 것조차 두려워했고, 아빠는 그런 아들의 모습에 큰 충격을 받게 됩니다. 아빠는 평상시 첫째와 친밀감이 부족했던 상황에서, 자녀를 엄하게 교육해야 한다는 생각에 혼내기도 하고 권위적으로 대했던 것을 깊이 반성합니다. 그리고 이제는 달라진 마음으로 첫째에게 시시한 말도 걸어보고 여행도 가고 나름 친해지려 무던히 노력했지만, 아이는 쉽게 아빠에게 다가서지 못했습니다. 처음에는 실망을 많이 했지만 그래도 아이와 관계를 회복하기 위해 이런저런 노력을 꾸준히 하던 아빠가 찾아낸 묘책이 바로 놀이였습니다. 처음엔 쭈뼛쭈뼛하던 아이가 놀이를 하면서 어느새 아빠 무릎 위에도 앉고 장난을 치는 편안한 모습을 볼 수 있게 되었습니다. 그렇게 부자는 놀이를 통해 행복한 시간을 쌓아갔고, 이제 사춘기를 지나 청소년이 된 아들은 아빠의 열렬한 팬이 되었습니다.

앵거스의 아빠처럼 우리나라 아빠들이 전쟁터에 나가 있는 것은 아니지만, 바쁘고 힘들다는 이유로 자녀와 함께하는 시간이 삶의 우선순위에서 밀려나 있는 건 아닐까요? 그리고 경제적 역할만 담당하며 자녀에게 아무런 영향력을 미치지 못하는 마치 허수아비 같은 아빠가 된 건 아닐까요? 비록 아빠가 없어도 아이들은 키도 크고 경험도 키우며 하루하루 성장할 것입니다. 하지만 아빠와 긍정적인 관계를 맺지 못하고 사랑받지 못한 채 훌쩍 커버린 자녀는, 언젠가 아빠에게 여유가 생기는 그날이 와도 자신에게 접근조차 하지 못하도록 마음의 문을 닫을 지 모릅니다.

─── TIP 아버지 역할의 재발견 시대 ───

심리학자 마이클 램(Michael Lamb)은 현대사회를 '아버지 역할의 재발견 시대'라 정의하며, 아빠가 양육에 참여하는 시간은 적지만 아빠의 양육 참여는 엄마의 양육만큼이나 중요하며 자녀의 요구에 아빠가 더욱 민감하게 반응해야 한다고 말합니다(참고3). 한때 자녀를 양육함에 있어서 엄마의 역할이 더 중요하고 아빠의 역할은 경제적인 면에 한정된다고 여기던 때도 있었습니다. 하지만 이제 많은 연구를 통해 아빠는 자녀의 신체, 인지, 언어, 정서, 사회성 등 다양한 영역에서 중요한 영향을 미치며, 엄마와는 차별된 아빠만의 특별한 영향력이 존재한다는 것이 밝혀졌습니다.

예전에는 대가족 중심으로 생활하면서 자녀를 양육하는 사람이 부모 외에도 여럿 존재하는 환경에서, 아빠의 역할은 그다지 눈에 띄지 않았습니다. 하지만 이제 맞벌이가 점점 늘어나고 대다수의 가정은 부부를 중심으로 자녀 양육을 하게 되면서, 가정에서 아빠의 역할이 더욱 부각될 수밖에 없는 상황입니다. 마이클 램이 이야기한 것처럼 자연스럽게 '아버지 역할의 재발견 시대'가 우리에게 다가왔고, 그 시대를 어떻게 살아갈 지 결단하고 행동하는 것은 바로 아빠 스스로의 몫으로 남았습니다.

극복의 대상,
아버지?

〈마틸다〉

헐값에 중고차를 사서 터무니없이 비싼 가격으로 손님에게 되파는 사기꾼 아빠 그리고 도박에 빠진 엄마 사이에서 예쁜 딸 마틸다가 태어나지만, 부부는 원하지 않던 아이라며 딸에게 관심을 기울이지 않습니다. 마틸다에겐 오빠도 한 명 있지만 험악하게 동생을 대하는 것은 부모와 매한가지입니다. 한편 마틸다는 아주 특별한 능력을 갖고 태어났는데, 걷기 전부터 글을 쓰고 두 살부터는 스스로를 돌보고 심지어 네 살이 되어서는 혼자 요리를 하고 잡지도 읽었습니다. 어느 날 그녀는 책을 읽고 싶다고 아빠에게 부탁해 보지만, 아빠는 한치의 고민도 없이 안된다고 말합니다. 결국 마틸다는 어린 나이에 혼자 먼 길을 걸어 도서관에 다니며 하루 종일 책을 읽다가 집으로 돌아옵니다. 하지만 아빠는 그런 마틸다를 못마땅하게 여기고, 쓸데없이 책을 보지 말고 TV를 통해 세상을 배우라며 타박

합니다.

어느새 초등학교에 갈 나이가 지난 마틸다는 자신도 학교에 꼭 가고 싶다고 부모에게 간청하지만, 무관심한 부부는 학교에 갈 필요가 없다며 오히려 그녀를 혼냅니다. 아빠는 딸에게 '네가 돈을 버냐? 나는 비상하고 너는 바보야! 내가 옳고 너는 틀린 거야! 너는 그저 순종만 하면 돼!'라며 모진 말을 서슴지 않습니다. 어느 날 아빠의 중고차 가게에 '애들은 매로 다스려야 한다'는 신념을 가진 초등학교 교장 선생님이 찾아오는 것을 계기로, 마틸다는 그 학교에 입학하게 됩니다. 과연 이 괴팍한 교장 선생님이 운영하는 학교에 다니게 된 마틸다는, 하고 싶은 공부를 실컷 하고 친구들도 사귀면서 행복한 시간을 보낼 수 있을까요?

MOVIE INFORMATION

마틸다

개봉 1997년

제작국 미국

분류 코미디, 가족, 판타지

출연 마라 윌슨(마틸다), 대니 드비토(아빠), 레아 펄만(엄마) 등

연령 초등학생 이상

런닝타임 98분

아이와 뮤지컬로 만들어진 마틸다 공연을 보러 간 적이 있습니다. 지하철을 타고 공연장에 가면서, 아들에게 이전에 봤던 영화 내용을 기억하느냐고 물었습니다. 사실 저는 영화를 본 지가 꽤 오래돼서, 뒷부분이 어떻게 마무리됐는지 까맣게 잊고 있었습니다. 하지만 아이는 당연하다는 듯 전체적인 줄거리는 물론 영화의 세부 내용까지 술술 이야기를 하더군요. 아이의 말을 듣고 있으니 저도 영화 내용이 조금씩 되살아 났고, 직접 뮤지컬을 보면서 영화 속 장면이 뮤지컬에서는 어떻게 표현되는지 호기심을 갖고 지켜보았습니다.

그렇게 뮤지컬을 관람하면서, '왜 저렇게 마틸다의 아빠는 딸의 마음을 이해하지 못하고, 심지어 심한 학대까지 하는 걸까?'라는 생각이 머리를 맴돌았습니다. 그런데 저녁을 먹고 집으로 돌아오는 길에 문득 '나는 아이 입장에서 어떤 아빠로 비춰질까?'라는 생각이 들었습니다. 물론 저는 마틸다의 아빠처럼 아이를 거칠게 대하지 않고 나름 괜찮은 아빠가 되기 위해 노력하는 편이지만, 가끔 권위적인 모습은 물론 아이를 오해하기도 하고, 제 자신의 감정을 조절하지 못해 지나치게 아이를 혼낸 적도 있습니다. 그런 제 모습을 보면서 아이는 가끔 영화 속 마틸다의 아빠나 교장 선생님처럼 저를 느꼈을지 모른다는 생각이 들었습니다. 마틸다의 아빠가 나와 전혀 관련 없는 사람이 아니라, '어쩌면 내 안에 있는 여러 모습 중 한 가지 모습이 아닐까?'라는 반성을 해보았습니다.

아동 학대란 '보호자를 포함한 성인이 아동의 건강 또는 복지를 해치거나 정상적 발달을 저해할 수 있는 신체적·정신적·성적 폭력이나 가혹 행위를 하는 것과 아동의 보호자가 아동을 유기하거나 방임하는 것(아동복지법 제3조 제7호)'을 말합니다. 2017년 보건 복지부에서 발간한 아동 학대 현황보고서(참고4)에 따르면, 2017년 한 해 동안 발생한 아동 학대는 전년 대비 19.6% 증가한 22,367건으로 매년 꾸준히 늘어나고 있으며 최근 4~5년 사이 급격한 증가세를 보이고 있습니다. 그런데 학대의 주된 가해자는 바로 부모(76.8%)와 친인척(4.8%)이었으며, 부모에 의해 발생한 17,177건의 학대 중 4.6%만이 계부모와 양부모에 의한 폭력으로 나타나, 콩쥐팥쥐와 같이 계부모에 의해 많은 학대가 이루어질 것이라는 세간의 생각과는 상당한 거리가 있었습니다. 반면 부모에 의한 아동 학대 중 95.4%가 친부모를 통해 발생한다는 결과는 매우 충격적이며 자녀와 함께하는 우리 일상을 되돌아보게 합니다.

어떤 부모는 학대에 대해 신체적인 폭력만으로 한정해 생각하는 경우가 있지만, 실제 아동 복지법은 정신적, 성적 폭력 및 가혹 행위, 유기, 방임 역시 아동 학대로 규정합니다. 또한 많은 아빠들은 자녀를 사랑하는 마음에 훈계를 아끼지 말아야 하고 때로는 체벌도 필요하다는 신념을 가진 경우도 있습니다. 하지만 사회적인 인식은 벌써 '좋은 회초리는 없다'는 쪽으로 자리를 잡아가고 있으며, 학교에서도 법적 기준에 따라 주기적인 아동 학대 예방 교육을 실시하면서 학생들의 인권 의식도 매우 높아진 상황입니다. 따라서 '사랑의 매'는 이제 '아동 학대와 폭력'으로 이해되는 세상이 되었습니다. 최근 가정에서 발생하는 아동 학대는 폭력적이고 이상한 아빠가 아닌 평범한 아빠의 우발적 행동으로 발생하는 경우가 적지 않습니다. 자녀의 행동을 바꾸라고 말하기 전에 먼저 아빠의 생각이 변해야 합니다. 자녀는 아빠의 모진 잔소리로 변하는 것이 아니라 친근한 아빠의 등뒤를 보며 자연스럽게 물들어 가는 것입니다. 영화 마틸다처럼 우리 아빠들이 자녀의 마음 속 극복의 대상이 아니라, 존중과 존경의 대상으로 기억되길 간절히 소망해 봅니다.

권위는
어디서 오나?
〈사운드 오브 뮤직〉

사운드 오브 뮤직은 1939년 알프스산맥으로 둘러 쌓인 오스트리아 짤 스부르크를 배경으로 합니다. 젊고 쾌활한 마리아는 수녀원에서 견습 수 녀로 있지만, 다른 수녀들은 말 많고 시도 때도 없이 노래부르는 마리아 를 수녀로서 바람직하지 않다고 생각합니다. 결국 원장수녀님은 마리아 에게 자신에게 맞는 일을 찾아보는 것이 좋겠다며, 그녀를 일곱 명의 아 이들이 있는 트랩가의 가정 교사로 추천합니다. 은퇴한 해군 대령 트랩은 아내를 잃은 후, 자녀를 마치 군인처럼 다루고 권위적인 모습으로 일관합 니다. 하지만 활기찬 마리아가 일곱 아이들과 노래와 대화로 소통하게 되 면서 집안 분위기가 조금씩 변해갑니다. 어느 순간 가정이 화목한 분위기 로 변했다는 것을 느낀 트랩대령은 마리아에게 호감을 느끼지만, 그에게 는 이미 결혼을 약속한 남작부인이 있습니다. 하지만 남작 부인은 아이들

과 각별한 관계인 마리아를 마땅치 않게 여기고, 결국 마리아는 자신의 존재에 대한 회의를 느낀 채 수녀원으로 돌아갑니다. 과연 트랩가를 떠나 수녀원으로 돌아온 마리아는 다시 수녀로서 삶을 살아가게 될까요? 그리고 마리아가 없는 트랩가 아이들은 예전처럼 아빠의 권위에 눌린 숨막히는 일상에 다시 적응할 수 있을까요?

아빠 생각

직장은 개인적인 모임과 달리 조직의 존재 이유가 명확하고 목표를 달성하기 위한 업무 중심으로 인간관계가 맺어지는 경우가 많습니다. 하지만 그런 일 중심의 관계에서도 진정한 권위와 함께 인간미가 느껴지는 사람이 있고 그렇지 못한 경우도 존재합니다. 제가 신입사원 시절 같은 팀

MOVIE INFORMATION

사운드 오브 뮤직

개봉 1969년, 2017년 재개봉
제작국 미국
분류 뮤지컬, 로맨스, 드라마
출연 줄리 앤드류스(마리아), 크리스토퍼 플러머(트랩 대령) 등
연령 초등학생 이상
런닝타임 172분

에 근무하던 한 선배는 저에게 복사 하나 제대로 하지 못한다며 얼마나 타박을 하던지, 나중에 제가 자리를 잡은 후에는 서로 말도 하지 않고 냉랭하게 지낸 경우가 있습니다. 반면 저보다 나이가 한참 많은 한 선배는 세심하게 일을 가르쳐 주는 것은 물론 여유를 가지라고 격려해 주신 덕분에, 첫 직무에 잘 적응할 수 있었고 이후 직장생활도 무난히 할 수 있는 계기가 되었습니다. 지금도 가끔 만나는 그 선배의 가장 큰 장점은 후배들과 수평적으로 소통하는 가운데, 자연스럽게 권위를 쌓아가는 점이라고 생각합니다.

권위의 뜻을 찾아보면 '남을 통솔하여 따르게 하는 힘 또는 일정한 분야에서 사회적으로 인정을 받고 영향력을 끼칠 수 있는 위신'이라고 합니다(참고5). 가정이라는 작은 사회에서도 아빠는 권위가 있어야 자녀에게 긍정적인 영향력을 발휘할 수 있습니다. 영화 속 트랩대령처럼 자녀를 명령과 규율로 억누른다면 어린 시절에는 효과를 볼 수 있지만, 아이들이 성장하면서 서로 부딪히고 튕기며 결국 한계에 이르게 됩니다. 반면 마리아는 나이가 많거나 지위를 통해 아이들로부터 권위를 인정받은 것이 아닙니다. 그녀는 아이들의 이야기를 들어주고 인격적으로 소통하면서 자연스럽게 인정을 받게 되고 긍정적인 영향력을 미칠 수 있게 된 것입니다.

TIP 민주적 관계와 경청

영유아 또는 초등학교 저학년 자녀를 둔 아빠는 별다른 노력 없이도 부모로서 권위를 누릴 수 있습니다. 이 시기만 해도 자녀에게 아빠는 마치 거인처럼 체격이 크고 원하는 것도 척척 해줄 수 있는 대단한 존재입니다. 하지만 아이가 초등학교 고학년쯤 돼서 키도 자라고 세상 물정도 좀 알게 되면, 아빠에게 가졌던 환상은 자연스럽게 깨지게 됩니다. 이제 아빠는 저절로 얻게 된 권위를 내세우는 것이 쉽지 않고, 아이에게 훈계 한마디 하려다 오히려 짜증과 분노를 터뜨리는 자녀를 보며 고민에 빠지기도 합니다. 그렇다면 아빠는 어떻게 자녀로부터 권위를 인정받을 수 있을까요?

먼저 아빠의 권위는 민주적 관계 속에서 나옵니다. 통제만 강조하다 보면 마치 트랩대령과 같은 사례가 발생하고, 반면 애정이 전부라고 생각해 자녀의 말을 무조건 들어주며 휘둘리는 상황을 '좋은 아빠'로 착각하기도 합니다. 자녀가 자연스럽게 아빠의 권위를 받아들이고 성숙한 인간으로 성장하기 위해서, 아빠는 자녀와 애정적 관계를 바탕으로 적절한 통제 속에서 민주적 관계를 쌓아가야 합니다.

둘째로 아빠의 권위는 자녀의 말을 경청할 때 생깁니다. 지금도 가끔 저는 아이의 말을 잘 들어주지 않고 제 말만 앞세우다가 아빠의 권위를 스스로 떨어뜨리는 경우가 있습니다. 자녀의 말을 경청하기 위해서는 절제가 필요합니다. 비록 자녀가 아직 어리고 말하는 내용이 모두 합리적이지는 않더라도, 자녀의 말을 귀기울여 듣는 것이 우선입니다. 아이는 아빠가 자신의 애기를 충분히 들어주었다는 생각이 들었을 때, 자신도 역시 아빠의 말을 경청하고 권위도 인정합니다. 민주적 관계와 경청은 아빠의 권위를 만드는 중요한 방법입니다.

아빠의
양육 태도

〈벼랑 위의 포뇨〉

　인간을 몹시 싫어한 마법사 아빠 후지모토와 바다의 여신인 엄마 그랑 망마레 사이에서 태어난 여자아이 포뇨는, 물고기 모습으로 바다에서 살지만 따분한 물속 생활보다 육지를 동경합니다. 어느 날 포뇨는 바다 속 궁전을 빠져나와 사람들이 사는 해안가에 올라갔다가, 실수로 유리병에 갇히는 사고를 당합니다. 포뇨가 유리병에서 빠져나가기 위해 안간힘을 쓰던 중 마침 그곳을 걷고 있던 5살 남자아이 소스케에게 발견되고, 포뇨를 물고기라고 생각한 소스케는 유리병을 깨서 그녀를 구합니다. 언덕 위의 집에 살고 있는 소스케는 물고기를 집으로 가져가 물통에서 키우려 하지만, 말을 하고 햄도 먹는 포뇨가 보통 물고기가 아님을 금세 알아차리고 자연스럽게 친구가 됩니다. 한편 포뇨가 사라진 것을 알게 된 바다 속 궁전은 발칵 뒤집히고, 아빠 후지모토는 딸의 행방을 찾다가 결국 소스케의 집에 있다는 것을 알게 됩니다. 포뇨는 소스케의 집에 있으면서 친절한 소스케와 활기찬 육지 생활에 만족하지만, 아빠가 나타나 포뇨를 억지로 데려갑니다. 바다 속 궁전으로 돌아온 포뇨는 즐거웠던 언덕 위 집에서의 생활을 그리워하며, 어떻게 하든 육지로 돌아가고 싶어합니다. 과연 포뇨는 육지로 올라가 친절한 소스케를 다시 만날 수 있을까요? 혹시 포뇨의 아빠 후지모토는 포뇨를 사랑한다는 이유로 너무 가혹하게 딸을 대해는 건 아닐까요?

 아빠 생각

　포뇨의 아빠 후지모토를 보면 자식을 걱정하는 아빠의 마음을 헤아릴 수 있습니다. 하지만 그의 행동을 보면 자녀를 존중하고 진정으로 소통하

MOVIE INFORMATION

벼랑 위의 포뇨

개봉 2008년

제작국 일본

분류 애니메이션, 모험, 가족

출연 나라 유리아(포뇨), 도이 히로키(소스케), 토코로 죠지(후지모토) 등

연령 만 4세 이상

런닝타임 100분

려는 모습은 찾기 어렵습니다. 후지모토는 그저 아빠라는 이유로 일방적인 권위와 명령으로 일관하고, 그런 아빠를 향해 포뇨도 마치 사춘기 소녀처럼 반항합니다. 반면 큰 배의 선장인 소스케의 아빠는 아들과 색다른 방법으로 소통하는데, 바로 모르스 신호를 이용합니다. 폭풍우 치던 밤 기상악화로 아빠가 집에 돌아갈 수는 없게 되자, 벼랑 위의 집 앞을 지나며 아들에게 모르스 신호로 현재의 상황을 알립니다. 비록 소스케는 오랫동안 기다려온 아빠가 폭풍 때문에 당장은 집에 돌아올 수 없지만, 아빠의 마음을 알기에 조심해서 잘 다녀오라며 듬직한 아들의 모습을 보여줍니다.

  탁경운박사는 그의 저서(참고6)에서 가족과 끊임없이 성공하고 또 실패했던 소통의 방법을 다음과 같이 정리합니다. '가족 회의, 가족 식사, 가족 세족식, 가족 독서, 가족 산행, 가족 워크숍, 가족 운동, 가족 생일, 가족 여행, 아내의 날' 등 셀 수 없을 정도입니다. 하지만 그런 나름의 시스템이 결코 하루 아침에 만들어진 건 아닙니다. 일례로 그의 가족은 100개의 산을 목표로 함께 등산을 이어가고 있는데, 산을 오를 때마다 산행 사진을 남겨 앨범을 만들고 있습니다. 그는 나중에 딸과 아들이 장성해서 결혼할 배우자를 데려오면, 그 친구에게 사진첩을 주겠다고 합니다. 자녀와 결혼할 사람에게 굳이 자신의 가족에 대해 설명하지 않아도, 그 사진첩을 보면 자연스럽게 가족의 역사와 관계를 이해하게 될 것이라고 말합니다. 그는 아이들이 나이가 들어 사춘기를 지나고 청소년이 되며 성인으로 성장한 후에도, 가족으로서 *끈끈함*은 여전할 것이라고 자신합니다. 그는 분명 자녀를 애정적으로 대하지만, 아이들과 다양한 방식으로 소통하며 소소한 가족의 일상을 특유의 응집력 있는 시스템으로 만들기 위해, 끊임없이 아이들을 설득하고 함께하는 수고를 결코 아끼지 않았습니다.

─────── TIP 아빠의 4가지 양육 태도 ───────

바움린드(Baumrind)는 부모의 양육 태도를 '①권위있는(Authoritative) ②독재적(Authoritarian) ③허용적 · 관대한(Permissive or Indulgent) ④방임적(Uninvolved)' 4가지로 구분합니다(참고7).

① 권위있는(Authoritative) 부모 : 요구도 하고 반응적이기도 하며, 자녀에 대해 높은 기준을 가지고 있는 동시에 훈육에 있어서 지원적이다.

② 독재적(Authoritarian) 부모 : 요구가 많으나 반응적이지 않으며, 자녀가 광범위한 일련의 규율에 순종하기를 강요한다.

③ 허용적 · 관대한(Permissive or Indulgent) 부모 : 매우 반응적이지만 자녀의 자기 조절에 의존함으로써 성숙한 행동을 좀처럼 요구하지 않는다.

④ 방임적(Uninvolved) 부모 : 반응적이지도 않고 요구를 많이 하지도 않지만, 완전히 의무 태만한 상태는 아니다.

예전에는 우리 주변에 독재적인 양육 태도를 보이는 아빠가 적지 않았다면, 최근에는 자녀에 대한 애정이 크고 자율성을 존중하지만 훈육이 부족한 허용적 태도의 아빠가 늘어나고 있다고 합니다. 아빠들은 자녀를 온정적으로 대하지만 스스로 자기 조절을 할 수 있도록 돕는 훈육이 동반된 권위있는 양육태도를 갖추는 것이 필요합니다. 후지모토의 경우 아빠로서 포뇨를 끔찍이 사랑하지만, 포뇨의 의견을 유연하게 수용하지 못해 결국 극단적인 의견 대립을 일으키는 독재적 양육 태도를 가졌다고 할 수 있습니다. 그렇다면 과연 여러분은 어떤 양육 태도를 갖고 있나요? 양육 태도가 한 번에 바뀔 수는 없겠지만, 성찰과 소통을 통해 긍정적인 방향으로 조금씩 변화하는 아빠의 노력이 필요합니다.

도대체
훈육이란 뭐죠?

〈천국의 아이들〉

아홉 살 알리는 허리를 다쳐 잘 움직이지 못하는 엄마를 대신해서, 여동생 자흐라의 낡은 신발을 수선하러 갑니다. 수선한 신발을 까만 봉지에 담은 알리는 감자를 사기 위해 채소 가게에 들렀다가 봉지를 잠시 가게 입구에 놨는데, 이를 쓰레기로 착각한 고물 장수 아저씨가 신발을 가져가 버립니다. 가게 안에서 감자를 고르다 신발이 없어진 것을 알게 된 알리는, 고물 장수 아저씨가 가져간 것은 생각지도 못하고 가게 여기저기를 뒤집니다. 그러다 실수로 진열된 채소 더미를 무너뜨리고, 결국 화가 난 주인아저씨에게 혼이 나고 가게에서 쫓겨납니다. 알리는 어쩔 수 없이 집으로 터벅터벅 발길을 돌리지만, 이 사실을 차마 엄마에게 말할 수 없습니다. 알리네 집은 가정 형편이 넉넉지 못해서 동생의 신발을 새로 산다는 것은 큰 부담이고, 더욱이 무서운 아빠의 불호령도 겁이 납니다. 하지만 알리는 어쩔 수 없이 신발 주인인 여동생에게는 이 사실을 털어놓게 되고, 어느새 동생 자흐라의 눈망울은 붉게 물들어갑니다. 알리는 동생에게 다시 한 번 신발을 찾으러 채소 가게에 다녀오겠다고 말하고, 엄마에게는 절대 애기하지 말라고 신신당부를 합니다. 채소 가게로 달려가는 알리에겐 무거운 카펫을 힘겹게 빨면서 도움을 요청하는 엄마의 목소리도, 함께 축구를 하자는 친구들의 외침도 전혀 들리지 않습니다. 알리는 주인 아저씨 몰래 채소 가게 주변을 살펴보지만, 역시나 신발은 커녕 아저씨에게 들켜 또다시 쫓겨납니다. 과연 아이들로서는 해결하기 힘든 이 엄청난 사건을 알리와 자흐라는 어떻게 해야 할까요? 만약 신발을 찾지 못하면 동생 자흐라는 맨발로 학교에 다니게 되는 걸까요?

MOVIE INFORMATION

천국의 아이들

개봉 2001년, 2017년 재개방

제작국 이란

분류 드라마, 코미디

출연 아미르 파로크 하스미얀(오빠 알리), 바하레 세디키(동생 자흐라), 레자 나지(아빠) 등

연령 초등학생 이상

런닝타임 87분

도대체 훈육이란 뭐죠?
〈천국의 아이들〉

알리의 아빠는 가장으로서 매우 성실하고 몸이 좋지 않은 아내를 보살피며, 아이들에게 친근하게 대하려고 노력하는 사람입니다. 하지만 그가 분노를 조절하지 못하고 무섭게 아들을 몰아붙이는 모습은 매우 심각해 보입니다. 아빠는 허리를 다친 엄마를 돕지 않았다며 알리에게 이런 말을 합니다. "알리! 넌 엄마 돕지 않고 대체 뭘 한 거냐? 말을 들어야지. 아픈 엄마를 두고 나가 놀아? 저런 녀석은 맞아야 정신 차려. 네가 이 집안을 위해서 하는 일이 뭐야? 그냥 먹고 자고 놀면 돼? 네가 아직 앤 줄 알아? 벌써 9살이라구! 내가 네 나이였을 땐 돈을 벌었어. 왜 아빠를 화나게 하느냐? 너 바보야? 이해가 안돼? 정말 성가셔." 엄청나게 화난 얼굴로 속사포처럼 뱉어 내는 아빠의 가시 돋친 말에 알리의 마음은 과연 어땠을까요? 알리는 아빠의 모습이 두려워서 신발을 잃어버렸다는 것을 그리고 신발을 찾으러 가게에 갔었다는 이야기도 꺼낼 수 없습니다. 이제는 동생의 원망, 엄마에 대한 미안함 그리고 아빠의 호된 질책에 알리는 마음 둘 곳이 없습니다. 그렇다고 해서 이 일을 자기 혼자의 힘으로 해결할 수도 없는 난감한 상황입니다.

얼마 전 토요일 오후 외출 준비를 하고 있는데, 핸드폰에 저장되지 않은 연락처에서 전화가 왔습니다. 자신은 앞 단지 아파트 수위 아저씨인데, 저희 아이가 자전거를 타다가 아파트 입구의 차량 차단봉을 망가뜨렸다는 것입니다. 아이가 걱정스러워 바꿔 달라고 했더니 엉엉 울면서 전화를 받기에, 아빠가 빨리 갈테니 너무 걱정하지 말라고 말한 후 전화를 끊었습니다. 그리고 문 앞을 나섰다가 아이에게 다친 데는 없는지 물어보지도 않고 전화를 끊은 것이 생각나서 다시 아이에게 전화를 걸었습니다. 역시나 아들이 꺼억꺼억 울며 전화를 받기에 차분하고 다정한 목소리로 다친 곳은 없는지 확인하고, 걱정 말고 조금만 기다리라고 안심을 시키자 그제서야 아이는 울음을 멈추고 진정했습니다. 얼른 차를 몰고 앞 단지 아파트 수위실로 갔더니 아이는 저를 보자 마자 서러운 울음을 터뜨리며 제 가슴팍에 얼굴을 파묻습니다. 갑자기 터진 일에 당황스럽고 물어줄 돈도 걱정스러운데, 수위실에 잡혀 있는 것 같은 생각이 드니 아이는 얼마나 불안했을까요? 아들의 몸을 살펴보니 특별히 다친 곳은 없었고, 차단봉은 제가 보상하기로 한 후 아이를 집으로 데려왔습니다. 사고 원인을 들어보니 자전거를 타다가 친구로부터 전화가 와서, 한 손으로 핸드폰을 받는 순간 자전거가 기울어 넘어지면서 옆에 있던 차단봉을 망가뜨렸다고 합니다. 아이에게 자전거를 사주며 분명 한두 번은 사고가 있으리라 생각했는데, 이때가 좋은 기회라 생각해 안전의 중요성을 찬찬히 일러주었습니다. 더불어 아빠는 네가 세상에서 가장 귀하다는 말로 마무리를 했습니다. 평상시 아빠가 조심하라고 하면 들은 척도 않던 녀석이, 이날은 귀를 쫑긋 세웠습니다. 사실 저는 아이를 무척 사랑하면서도 가끔 알리의 아빠처럼 심한 말로 아이 마음에 상처를 준 적이 있습니다. 반대로 자전거 사고가 있던 날처럼 다정한 말과 사려 깊은 행동으로 아이와 더 좋은 관계를 만든 경우도 있습니다. 선택은 바로 아빠의 몫입니다.

TIP 훈육의 정의

알리의 아빠는 아들을 혼내며 자신의 행동은 일방적으로 화내는 것이 아니라, 자식을 위한 훈육이라고 생각했을 것입니다. 하지만 그의 모습을 훈육이라 말하기엔 상당한 거리감이 느껴집니다. 어떤 아빠들은 훈육을 '자녀에게 잘잘못을 가르치는 것', '자녀의 잘못을 지적하고 엄하게 고치는 것', 때로는 '자녀의 잘못에 매를 아끼지 않는 것'이라고 말하기도 합니다. 이런 견해의 공통점은 자녀의 잘못된 행동을 '통제'하는 것에 초점을 맞추고 있다는 것입니다. 처음에는 자녀의 잘못을 일깨워주려 하지만 어느새 잔소리가 되고, 처음의 의도와 달리 고성과 정서적 학대로 이어져 결국 관계를 망가뜨리고 맙니다. 그렇다면 과연 훈육이란 무엇일까요?

임상심리학자 토니 험프리스(Tony Humphreys)는 훈육이란 자녀를 통제하는 것이 아니라 '스스로 자신을 조절할 수 있도록 돕는 것'이라고 말합니다. 주체는 자녀이고 부모는 양육을 하면서 자녀를 돕는 보조적 역할임을 명확히 합니다. 그리고 다음과 같은 가이드라인을 제시합니다(참고8).

① 훈육은 처벌이 아니라 제한선 즉 규칙을 가르치는 것이다.
② 훈육은 일상에서 이루어져야 한다.
③ 감정 때문에 훈육의 목적을 잊어서는 안 되며, 평소 좋은 감정을 서로 저축해야 한다.
④ 훈육은 아이의 성장 발달에 맞추고, 아이가 성장하면서 선택권을 늘려가야 한다.

아빠도 나비처럼 변화가 필요해!

〈곤충왕국〉

곤충은 인간보다 훨씬 빠른 지금으로부터 4억년 전부터 지구에서 살고 있습니다. 곤충의 껍질은 단단하고 자라지 않기 때문에, 껍질을 벗는 탈피라는 과정을 통해 성장합니다. 이러한 탈피 과정을 겪어야만 곤충은 이전과 다른 모습으로 변화무쌍한 삶을 살아가며 세상에 적응합니다. 왕오색나비 애벌레도 탈피 과정을 수 차례 반복하고, 이제 변화의 마지막 관문인 번데기가 되어 나뭇잎처럼 위장을 하고 있습니다. 보름쯤 시간이 흐르자 드디어 번데기 속에서 나비의 모습이 보이기 시작하고, 축축한 날개를 잘 말린 나비는 하늘로 첫 비행을 시작합니다. 이번에는 곤충들의 무시무시한 이야기도 있습니다. 평화롭던 꿀벌의 벌집에 장수말벌 척후병 한 마리가 모습을 드러냅니다. 꿀벌에 비해 5~6배나 덩치가 큰 장수말벌은 주저 없이 꿀벌에게 달려들어, 강력한 턱과 무시무시한 독침으로 하나둘 꿀벌을 제압합니다. 적의 침입을 확인한 꿀벌 전투병들은 무더기로 척후병 말벌에게 달려들어 방어를 시작합니다. 하지만 척후병의 페르몬으로 꿀벌의 벌집 위치를 확인한 장수말벌 전투병 십여 마리가 도착하면서 싸움은 더욱 격렬해집니다. 장수말벌의 날선 공격에도 한치의 두려움 없는 꿀벌들이 목숨을 건 반격을 가하고 침입자를 하나씩 제압하면서 조금씩 승기를 잡아갑니다. 그렇지만 이것으로 전투가 마무리된 것이 아닙니다. 장수말벌의 벌집에 지금 동료들이 힘겨운 전투를 하고 있다는 소식이 전해지자, 수많은 말벌들이 마치 폭격을 준비한 무장 헬기처럼 전쟁터로 날아갑니다. 과연 꿀벌들은 장수말벌의 공격에 맞서 자신들이 모은 꿀과 미래의 꿈인 애벌레들이 자라는 삶의 터전을 지켜낼 수 있을까요? 그리고 장수말벌은 자신들의 피해도 만만치 않은 이런 처절한 전투를 굳이 해야 하는 이유가 뭘까요?

MOVIE INFORMATION

곤충왕국

개봉 2014년

제작국 한국

분류 다큐멘터리

출연 김성주, 김민국, 김민율(내레이션)

연령 만 4세 이상

런닝타임 85분

아빠 생각

한 후배가 첫째 딸이 태어난 지 얼마 지나지 않아 베트남으로 발령을 받아, 가족은 한국에서 생활하고 혼자 베트남에서 2년간 일한 후 귀국했습니다. 후배는 한국에 돌아와 가족과 함께 살면서 새로 태어난 6개월된 둘째는 참 예쁘지만, 이상하게도 네 살 된 첫째에게는 쉽게 손이 가지 않는다고 걱정을 했습니다. 아마도 아빠의 손길이 필요한 시기에 오랫동안 떨어져 살다 보니 그런 것 같다며 저에게 조언을 요청했습니다. 저는 후배에게 6개월된 둘째는 지금 주양육자의 손길이 많이 필요하니 엄마가 충분히 돌볼 수 있도록 배려하고, 오히려 퇴근 후에 첫째와 꾸준히 놀고 특히 주말에는 첫째를 전담하며 함께하는 시간을 넉넉히 가지라고 조언했습니다. 이후 만났을 때도 후배가 첫째와의 관계를 여전히 힘들어 해서, 조급하게 생각하지 말고 인내심을 갖고 친근하게 지내다 보면 자연스레 좋아질 거라고 격려했습니다. 그리고 시간이 흘러 이 일을 까맣게 잊고 있었는데, 얼마 전 이 후배를 다시 만나게 되었습니다. 그는 자신이 첫째와 그동안 겪은 일들을 무용담처럼 늘어놓으며, 지금은 아이와 잘 지내고 아이도 자신의 귀국 초에 비해 훨씬 밝아지고 적극적으로 변했다며 저에게 고마워하더군요.

첫아이를 키우는 것은 살면서 누구나 처음 경험하는 일이기에 시행착오를 피하기 어렵습니다. 하지만 그런 과정 속에서 갈등이 있고 실수도 하지만 조금씩 자녀와 긍정적인 관계를 쌓아가야 합니다. 이러한 관계는 결코 한번에 이루어지지 않으며, 과정들 속에서 아빠 스스로 변화하려는 노력이 필요합니다. 곤충이 더 이상 늘어나지 않는 딱딱한 껍질을 벗어 던지고 이전과 다른 모습으로 탈피하듯, 자녀도 성장하면서 때때로 큰 변화를 겪습니다. 마찬가지로 아빠도 그런 자녀의 변화에 맞춰, 자신을 성찰하고 소통의 방식을 바꾸는 변신이 필요합니다. 지금 아빠는 알이고 애벌레이며 번데기의 수준일 수 있겠지만, 작은 노력들이 쌓인다면 언젠가 아름다운 나비처럼 행복하게 자녀와 소통하는 멋진 아빠가 되지 않을까요?

———— TIP 자아탄력성과 아빠의 변화 ————

용수철을 손으로 누르면 움츠려 들었다가 손을 떼면 힘을 받아 튀어 오르는 성질을 탄성이라 합니다. 자라나는 아이들도 성장 과정에서 가끔은 어려움을 겪고 상처를 받아 힘겨울 때도 있지만, 누군가 아이를 도와주고 아이 안에 잠재된 힘을 일깨워 주면 마치 용수철처럼 튀어 올라 자신의 능력을 발휘하는데 이를 '자아탄력성(Resilience Theory)'이라고 합니다.

아빠가 베트남에서 돌아온 가정을 예로 들어 보면 첫째 아이는 자아탄력성이라는 능력을 갖고 있지만, 만약 아빠가 첫째에게 더 이상의 애정을 주지 않고 관심도 보이지 않았다면, 아이는 마치 녹슨 용수철처럼 방치되어 있을지 모릅니다. 하지만 아빠가 먼저 자신이 변화하려는 노력을 지속했기에, 결국 아이에게 긍정적인 역할을 했고 바람직한 변화를 이끌어낼 수 있었던 것입니다. 이렇듯 녹슨 용수철에 기름칠을 하고 부드럽게 눌러주며 탄력성을 조금씩 회복시키는 역할을 한 것은 바로 아빠입니다. 반면 어떤 아빠들은 자녀가 이제 아동이 되고 청소년이 돼서, 도저히 관계의 변화를 이끌어낼 수 없다며 포기하는 경우도 있습니다. 물론 녹슨 상태로 오랫동안 방치된 용수철은 자신이 갖고 있는 탄성을 발휘하기가 쉽지 않습니다. 그래서 자녀의 나이가 많거나 오랫동안 원만하지 못한 관계일수록 더 많은 노력과 시간이 필요합니다. 아빠가 처음부터 관계 개선을 위한 노력도 하지 않거나, 몇 번 시도해본 후 쉽게 포기해선 안됩니다. 아직 아이에게 상처가 남아 있어서 지금은 마음을 열지 못하지만, 자녀는 여전히 아빠의 따스한 손길과 관심을 기다리고 있습니다. 그래서 지금이 바로 가장 좋은 기회입니다. 아빠가 먼저 변해야만 자녀가 변하고 또한 가정도 변할 수 있습니다.

아빠도 나비처럼 변화가 필요해!
〈곤충왕국〉

관심 속에서 자라는 아이

〈찰리와 초콜릿 공장〉

찰리네 가족은 비록 넉넉한 가정 형편은 아니지만, 아빠와 엄마, 할아 버지와 할머니 그리고 외할아버지와 외할머니가 함께 윙카초콜릿 공장 옆 허름한 오두막집에서 오손도손 살고 있습니다. 윙카초콜릿은 달콤한 맛으로 유명하지만, 공장에 일하러 가는 근로자 없이 비밀스럽게 초콜릿 을 만드는 회사로도 유명합니다. 회사의 주인 윙카 역시 그를 본 사람이 아무도 없을 정도로 베일에 가려진 인물입니다. 어느 날 윙카는 세계에서 팔리는 윙카초콜릿 속에 5개의 황금티켓을 숨기고, 그 티켓을 찾은 어린 이들이 신비한 윙카초콜릿 공장을 견학하도록 하는 이벤트를 진행한다고 발표합니다. 즉시 전세계에서 황금티켓을 찾기 위한 열풍이 벌어지고, 하 나둘 티켓의 주인공들이 나타납니다. 찰리의 부모님 역시 아들의 생일을 맞아 윙카초콜릿을 선물로 준비하고 할아버지도 꼬깃꼬깃 숨겨둔 비상금

을 털어 초콜릿을 선물하지만, 역시 황금티켓은 보이지 않습니다. 눈이 펑펑 내리던 어느 날 찰리는 눈길을 걷다가 한 장의 지폐를 발견하고 가게로 달려가 윙카초콜릿을 샀는데, 뜻밖에도 그 안에서 마지막 황금티켓을 발견하게 됩니다. 황금티켓을 얻은 찰리는 과연 윙카의 초콜릿 공장을 견학할 수 있을까요? 그리고 도대체 윙카의 초콜릿 공장엔 어떤 비밀이 숨겨져 있을까요?

 아빠 생각

눈이 조금 내려 살포시 길 위를 덮은 어느 날, 아이와 함께 외출을 하기 위해 차를 아파트 주차장 밖으로 꺼냈습니다. 그런데 생각보다 날씨가 추워서 차를 집 앞에 댄 후, 아들에게 아빠 방에 있는 두꺼운 외투를 가져다

MOVIE INFORMATION

찰리와 초콜릿 공장

개봉 2005년
제작국 미국, 영국
분류 판타지, 모험, 가족
출연 조니 뎁(윙카), 프레디 하이모어(찰리) 등
연령 만 4세 이상
런닝타임 114분

달라고 부탁했습니다. 아이는 후다닥 차에서 내려 집으로 달려갔고, 약간의 시간이 흐른 뒤 제 외투를 들고 차에 타며 투덜대기 시작했습니다. 이야기를 들어보니 아이가 집으로 쏜살같이 달려가다가 아파트 입구에서 살얼음을 딛고 미끄러졌는데, 바로 앞에 한 아저씨가 서 있었다고 합니다. 하지만 그 아저씨가 자신을 일으켜 주기는커녕 다치지 않았는지 물어보지도 않았다며, 어떻게 한 아파트에 사는 어른이 그렇게 무심하냐며 씩씩대는 것이었습니다. 저는 재빨리 아이에게 다친 곳은 없는지 아프지는 않은지 아들에게 물어보았고, 아빠 옷을 가져다 줘서 고맙다고 말했습니다. 자동차가 출발을 하고 어느새 아이는 자신에게 아무 일도 없었다는 듯 재잘대고 장난을 치기 시작했습니다. 작은 관심이 어느새 투덜대던 아이를 귀여운 종달새로 만들었습니다. 비록 아이는 낯선 아저씨로부터 도움을 받지는 못했지만, 언제나 자신의 곁에는 든든한 아빠가 있다는 것을 새삼 느낀 듯합니다.

만약 찰리의 부모와 조부모가 바쁘고 형편이 어렵다는 이유로 아이에게 관심을 가지지 않고 방치했다면, 과연 찰리는 잘 자랄 수 있었을까요? 비록 찰리는 경제적으로 넉넉한 환경에서 자라지는 못했지만, 부모의 세심한 보살핌과 손자를 아끼는 조부모의 관심 속에서 성장한 진정한 행운아였습니다. 찰리는 그런 가족의 소중함을 알기에, 자신의 욕심보다 가족과 공동체를 먼저 생각할 줄 아는 멋진 소년으로 자란 것입니다. 그 출발점에는 바로 부모의 사랑과 관심이 있었음을 주목해야 합니다.

───── TIP 삶과 죽음을 가른 관심의 힘 ─────

스피츠박사(Rene Spitz)는 감옥에서 태어나거나 길거리에 버려진 아이들을 고아원에서 돌봤는데, 그곳의 시설은 매우 좋았습니다(참고9). 하지만 고아원 아이들은 일반 가정의 아이들에 비해 힘이 없고 잘 울지도 않았으며 쉽게 병들거나 사망하는 비율도 높았고, 특이하게도 머리를 계속 흔들어 대는 알 수 없는 행동을 했습니다. 이러한 현상을 마라스무스(Marasmus)병이라고 하는데, 마라스무스는 그리스어로 '특별한 일 없이 시들다'라는 뜻입니다. 어느 날 스피츠박사는 멕시코로 여행을 갔다가 우연히 한 고아원을 방문하게 되는데, 그곳은 자신이 일하는 고아원에 비해 비위생적이고 음식도 변변치 못했습니다. 하지만 아기들의 모습에 생기가 넘치고 이상 행동도 보이지 않았습니다. 시설과 환경적인 면은 분명 자신이 일하는 고아원이 뛰어났지만, 아이들이 상황은 오히려 반대인 것에 호기심을 느낀 스피츠박사는, 한 달간 멕시코의 고아원을 지켜본 후 이런 차이점을 만든 이유를 발견하게 됩니다. 그것은 바로 관심이었습니다. 멕시코 고아원에는 이웃 마을 여인들이 매일 찾아와 아이들과 눈을 맞추고 안아 주며 노래도 불러 주면서, 애정 어린 관심을 꾸준히 보여 줬던 것입니다. 미국으로 돌아온 스피츠박사는 자신이 근무하는 고아원에 보모를 더 확보해 아이들에게 관심을 적극적으로 표현하도록 했고 신체 접촉 또한 늘렸습니다. 결과는 놀라웠습니다. 이전과 달리 아이들은 이상 행동을 거의 보이지 않았고 건강 상태도 상당히 개선되었습니다. 작은 관

심의 차이가 아이들의 발달은 물론, 때로는 삶과 죽음을 나누는 결정적인
역할을 했던 것입니다.

아빠를 통해
사회성을 배워요

〈카〉

잘 생기고 자신감이 넘치지만 자기밖에 모르는 유아독존 자동차 맥퀸이 있습니다. 카레이싱 자동차 맥퀸은 이번 피스톤컵에 처음 출전하지만, 당당히 우승을 노리는 재능 있는 젊은 선수입니다. 맥퀸은 이번 대회를 우승해 유명 후원사와 계약을 맺어 돈과 명예를 한꺼번에 거머쥐려 합니다. 관중들은 혜성처럼 나타난 맥퀸의 쇼맨쉽에 열광하고 언론도 자신에게 대단한 관심을 보이자, 맥퀸은 점점 자만심에 빠지게 됩니다. 보통은 레이싱 중간에 타이어를 갈고 차를 정비하는 과정이 반드시 필요하지만, 맥퀸은 정비는 필요 없고 기름만 주유하겠다고 고집을 부립니다. 결국 레이스 도중 타이어 두 개가 펑크나는 대형 사고가 발생하지만, 맥퀸은 임기응변으로 아슬아슬하게 공동 1위를 차지합니다. 그리고 일주일 뒤 공동 1위를 한 세 대의 자동차가 캘리포니아에서 재경기를 통해 우승자를 가리기로 합니다. 어쨌거나 관중들은 레이스 중간에 큰 사고가 있었지만 멋지게 레이스를 마무리한 신인에게 더욱 열광합니다. 하지만 맥퀸은 자신과 함께 팀을 이룬 동료들과 시즌 내내 갈등을 빚었고, 갈등의 원인을 동료들에게 돌리고 해고도 서슴지 않는 모습을 보여 주변의 신뢰를 잃고 말았습니다. 반면 44년간 피스톤컵을 석권했고 이번 대회를 마지막으로 은퇴 예정인 전설적인 영웅 웨더스는, 레이싱은 원맨쇼가 아닌 팀워크임을 강조하며 젊은 신참에게 진심 어린 충고를 하지만, 맥퀸에겐 그런 이야기가 귀에 들어올 리 없습니다. 맥퀸은 캘리포니아로 가는 도중 자신을 옮기는 트레일러에게 쉬지 말고 빨리 갈 것을 재촉합니다. 결국 트레일러는 맥퀸의 독촉에 못 이겨 쉬지 않고 운전을 하다가 결국 밤길에 졸음 운전을 하게 되고, 실수로 맥퀸을 국도 한가운데 떨어뜨리고 가버립니다. 자신이 길에 떨어진 줄도 모르고 잠을 자던 맥퀸은 시끄러운 경적 소리에

MOVIE INFORMATION

카

개봉 2006년

제작국 미국

분류 애니메이션, 가족, 모험

출연 오웬 윌슨(맥퀸), 보니 헌트(샐리), 폴 뉴먼(닥 허드슨) 등

연령 만 4세 이상

런닝타임 121분

놀라 잠을 깨고 부랴부랴 동료들을 찾아보지만, 오히려 과속 운전으로 지역 경찰에게 체포되어 한적한 시골 마을 구치소에 수감됩니다. 과연 출세와 돈만 밝히고 자신밖에 모르는 맥퀸은 한가로운 시골 마을에서 어떤 경험을 하게 될까요? 또한 그는 최종 레이스가 벌어지는 캘리포니아로 가서 피스톤컵 결승에 참여할 수 있을까요?

아빠 생각

  성공에 목마른 맥퀸은 오직 우승을 최고의 가치로 자신만의 명예와 부를 추구합니다. 맥퀸의 주변에는 그와 함께하는 많은 동료들이 있지만 그들은 눈에 보이지 않습니다. 어쩌면 이런 맥퀸은 1등을 위해서라면 학교와 친구도 중요하게 생각하지 않는, 입시 교육에 적합한 극단적인 인재상이라는 생각이 듭니다. 하지만 정말 우리 사회가 그런 사람을 원할까요? 오랫동안 한 회사에서 직장 생활을 해보니, 주변 사람들과 함께 일하고 소통할 수 있는 능력이 참 중요하다는 것을 알게 되었습니다. 물론 직장이란 곳은 업무 성과가 중요하고 개인의 능력도 필요하지만, 자기밖에 모르는 헛똑똑이와 함께 일하고 싶은 사람은 아무도 없을 것입니다.

  얼마 전 아들과 함께 친할머니집에 갔다가 아이에게 큰 교훈을 얻었습니다. 무더위가 한창인 여름이어서 할머니는 밥 대신 냉면을 만들어 주셨습니다. 저는 냉면을 먹다가 면이 제대로 익지 않은 것 같아서 아이에게 괜찮은지 물어봤더니, 아들은 괜찮다며 냉면을 먹었습니다. 분명 덜 익은 것 같았지만 아이가 괜찮다고 말하고, 옆에 할머니도 계셔서 저도 그냥 면을 꼭꼭 씹어 먹었습니다. 그런데 아이를 보고 있으니 평소 음식을 먹을 때와 달리 제대로 먹지 못하는 것이었습니다. 맛이 없어서 그런지 아이에게 물었지만, 그건 아니고 배가 좀 부르다고 합니다. 그렇다면 괜히 과하게 먹지 말고 남기라고 했더니, 아들은 알겠다며 냉면 먹는 것을 그만두었습니다. 옆에서 지켜보던 할머니가 그럼 밥이라도 먹으라고 하자, 아이는 대뜸 밥을 달라고 하더니 이런저런 밑반찬으로 뚝딱 먹어 치웠습니다. 그렇게 할머니집에 있다가 집으로 돌아오는 길에, 자동차 옆 좌석에 앉은 아이가 아까 먹은 냉면이 다 익지 않았다는 이야기를 꺼내는 것이었습니다. 아이는 열심히 음식을 만들어 주신 할머니 앞에서 면이 익지 않았다고 얘기하는 것이 죄송스러워 말하지 못했다는 겁니다. 그 말을 들으니 익지 않은 면을 저 혼자 다 먹은 것이 조금 억울하기도 하지만, 나름 할머니를 배려한 아이의 모습이 기특하고 아들이 아빠보다 낫다는 생각이 들었습니다. 사춘기를 지나고 있는 아이가 가끔 뜬금없이 화내기도 하고 퉁명스러울 때도 있지만, 평상시 아빠와 엄마를 따스하게 대하고 주변 사람들을 배려하는 모습이 참 예쁩니다. 물론 부모로서 아이가 공부를 잘하고 사회적인 성공도 바라지만, 지식만을 앞세우지 않고 공동체의 일원으로서 주변 사람들을 배려하며 조화로운 삶을 사는 성숙한 인간이 되길 간절히 바래 봅니다.

TIP 세상을 연결하는 고리

정신의학과 교수인 뉴캐슬 대학의 리처드 플레처(Richard Fletcher)는 자녀의 사회성에 아빠가 미치는 영향에 대해 다음과 같은 사례들을 언급합니다(참고10). 겨우 5개월된 영아를 대상으로 한 패더슨의 연구에서 아빠와 빈번하게 접촉한 사내아이는 그렇지 않은 아이에 비해, 낯선 사람에 더 가까이 다가가 재롱을 피우고 장난을 치며 긍정적인 관계 맺는 모습을 보였습니다. 미국의 〈가족 심리학 저널〉에서 자녀의 문제 행동과 사회성을 예측하는 연구 발표가 있었는데, 이러한 두 가지 변수를 예측하게 하는 가장 강력한 변인 중 하나로 '자녀의 탐구심에 아빠의 민감한 반응과 지지 여부'를 제시하였습니다. 또한 옥스퍼드 자녀양육연구소에서 아이들의 성장 과정을 추적한 결과 아버지가 자녀의 교육과 성장에 적극적일 때, 자녀는 충동성, 우울증, 거짓말, 비행 행동 등이 적고 높은 사회성을 보인 것으로 확인되었습니다. 리처드 플래처는 자녀가 자아상을 갖고 또래와 긍정적인 관계를 형성하는데 있어서 아빠의 양육 태도는 매우 중요하다고 강조하면서, 이를 '세상을 연결하는 고리'와 같은 역할이라고 표현합니다.

편견을
넘어서

〈아주르와 아스마르〉

제난이라는 사라센 여인은 유모로 일하며 두 남자아이를 돌보고 있습니다. 하얀 피부에 금발 그리고 파란 눈을 가진 아이는 성주의 아들인 아주르이고, 검은 피부에 흑발 그리고 검은 눈을 가진 아이는 자신의 아들인 아스마르입니다. 또래인 두 아이는 때론 다투기도 하지만 신나게 놀고 함께 음식을 먹으며 친형제처럼 우애 있게 자랍니다. 제난은 잠자리에 누운 두 아이를 재우며, 자신이 살던 곳에 전설처럼 내려오는 진의 요정 이야기를 자장가처럼 들려줍니다. 아름다운 요정 진은 지금은 비록 검은 산 속에 갇혀 있지만, 무시무시한 사자와 무지개새를 물리치면 구할 수 있습니다. 씩씩하고 호기심 많은 두 아이는 제난의 이야기를 들으며 서로 자신이 먼저 요정을 구하겠다며 실랑이를 벌이다 잠이 듭니다. 어느 날 아들이 어느 정도 성장했다고 생각한 성주는, 느닷없이 아주르에게 지금 당장 도시로 나가 기숙학교에 다니며 공부를 시작하라고 일방적인 통보를 합니다. 아주르는 아버지에게 유모와 아스마르에게 작별 인사만이라도 하고 싶다고 애원해 보지만, 냉정한 성주는 그것마저 허락하지 않습니다. 아주르는 쫓기듯 기숙학교에 보내지고, 성주는 아직까지 자신의 아들을 끔찍이 돌본 유모를 가차없이 해고하고 아무런 보상도 없이 성에서 쫓아 냅니다. 결국 제난과 아스마르는 빈털터리로 성을 나오게 되고, 아스마르는 이국땅에서 당한 멸시를 뼛속 깊숙이 간직합니다. 과연 아무것도 없이 세상에 던져진 제난과 아스마르는 어떻게 살아갈 수 있을까요? 그리고 도시에 있는 학교로 유학간 아주르는 사랑하는 제난과 아스마르 없이 잘 성장할 수 있을까요?

MOVIE INFORMATION

아주르와 아스마르

개봉 2008년

제작국 프랑스, 스페인, 벨기에, 이탈리아

분류 애니메이션, 가족, 모험

출연 시릴 머레이(아주르), 카림 음리바(아스마르), 히암 압바스(제난), 패트릭 팀싯(크라푸) 등

연령 만 4세 이상

런닝타임 99분

아빠 생각

성주인 아주르의 아버지는 자신의 아들을 정성스럽게 키운 제난을 일 말의 양심도 없이 쫓아버리는 가혹한 모습을 보입니다. 또한 이슬람에서 이방인으로 살아가는 크라푸는 저주받은 파란 눈이라는 비난을 피하기 위해 도수 높은 안경으로 자신의 눈을 가리는 편견의 피해자지만, 본인 역시 자신이 살고 있는 환경과 주변 사람들을 왜곡된 눈으로 바라보고 독설도 서슴지 않는 모순된 모습을 보입니다.

제주도로 온 예멘 난민 문제가 사회적으로 큰 이슈가 된 적이 있습니다. 하루는 아이와 대화를 나누던 중 아들이 먼저 난민 문제를 꺼내서, 자연스럽게 이야기를 나누게 되었습니다. 하지만 아이가 말하는 이야기는 사실에 근거하기보다는, 시중에 흘러 다니는 난민에 대한 편견을 모은 정도였습니다. 아이의 말이 좀 당황스러웠지만, 스마트폰으로 유럽이나 미국 등 외국에서 발생한 난민 관련 문제와 정책 등을 함께 찾아보았습니다. 아이는 그제서야 난민 문제에 대한 다양한 시각이 있다는 것을 확인하고, 예멘 난민에 대해서 자신의 고민을 담아 생각을 정리하기 시작했습니다.

제가 대학을 다니던 90년대만 해도 대학에서 외국인을 접하는 것이 쉽지 않았지만, 대학원을 다니며 경험하는 지금의 캠퍼스는 마치 다양한 인종의 집합소라 해도 지나치지 않을 정도입니다. 그리고 앞으로 우리 아이들은 지금보다 더 다양한 사람들과 어울려 살아가게 될 것입니다. 그런 시대를 살아갈 아이들이 세상에 대한 편견을 갖지 않고 조화롭게 살아갈 수 있도록, 영화 속 제난처럼 지혜로운 본보기가 되는 아빠의 역할이 필요할 것입니다.

────── TIP 용광로와 샐러드보울 ──────

최근 우리나라는 빠르게 다문화 사회로 변해가고 있습니다. 여성가족부에서 3년마다 발표하는 '2018년 전국 다문화 가족 실태조사 연구(참고11)'에 따르면, 다문화 가족 지원법이 처음 시행된 2008년에 우리나라 전체 결혼 중 다문화 결혼은 11.2%를 보인 후 지속적으로 감소하지만, 2015년 7.4%로 최저를 보인 후 2017년 8.3%를 회복해 7~8%의 꾸준한 비중을 차지하고 있습니다. 이에 따라 다문화 가구도 2008년 14만 수준에서 2017년 33만으로 늘어났고, 만 18세 이하 자녀의 수도 2008년 6만 명에서 2017년 21만명 수준으로 증가했습니다. 통계청(참고12) 자료에 따르면 최근 국내 출산 중 다문화 가족의 출산율이 전체 중 5%가량 꾸준히 점하고 있어, 우리나라의 아이들은 자연스럽게 다양한 인종과 문화적 배경이 어우러진 다문화 사회에서 살아가게 될 것입니다.

이러한 다문화 시대를 맞아 이를 바라보는 대표적인 두 가지 관점으로 용광로 이론(Melting Pot Theory)과 샐러드보울 이론(Salad Bowl Theory)이 있습니다. 용광로 이론은 사회나 국가가 용광로 역할을 하고, 이전부터 존재한 주류 문화에 다양한 배경과 문화를 가진 사람들이 마치 쇳물처럼 화학 반응을 일으키며 하나로 녹아져, 이전과는 조금 다르지만 주류 문화 중심의 새로운 문화가 만들어진다는 것입니다. 반면 샐러드보울 이론은 사회나 국가를 샐러드 재료를 담는 그릇으로 여깁니다. 다양한 개성과 차이점을 지닌 각각의 사람들과 문화를 존중하면서도 다채로운 재료가 조화를 이룬 샐러드 전체의 맛 역시 중요하게 생각합니다. 다양한 민족으로 이루어진 미국의 경우 예전에는 주류 문화를 중심으로 통합 위주의 접근을 했다면, 최근에는 각각의 문화를 중시하면서 전체적인 조화를 강조하는 분위기입니다. 반면 우리나라의 경우 단일 민족이라는 자부심이 바탕이 된 주류 문화를 중심으로 다양한 문화를 받아들이는 용광로 이론과 비슷한 상황이 아닐까 생각해 봅니다. 이러한 생각은 하나로 똘똘 뭉칠 수 있는 동질감이 강해 사회적 통합을 이루기 용이하지만, 주류 문화를 지나치게 강조하다 보면 다양한 문화를 조화롭게 수용하지 못해 문화적 편견에 빠질 수 있는 여지도 있습니다. 지금 우리가 다문화 사회로 가는 것은 선택이 아닌 필연이기에, 다양성을 존중하면서 지혜롭게 포용하고 조화를 이뤄야 합니다. 이렇게 변화하는 환경 속에서 자녀를 양육하는 아빠들은 아이들의 문화적 역량을 키우고 편견을 줄일 수 있는 좋은 본보기와 안내자가 되어야 하겠습니다.

때로는
위험도 필요해요!

〈작은 영웅 데스페로〉

 말하는 시궁쥐 로스큐로는 배를 타고 여행을 하다가 수프의 날로 유명한 도르왕국에 정박합니다. 도르왕국은 1년에 한 번 왕국에서 가장 유명한 수석 주방장이 특별한 수프를 끓여, 왕과 온 백성이 수프를 즐기는 것으로 유명합니다. 올해도 어김없이 맛있는 수프가 만들어졌고, 가장 먼저 왕과 왕비가 수프를 맛볼 시간이 되었습니다. 배에 있던 로스큐로는 어느새 향긋한 수프 냄새에 이끌려, 왕과 왕비가 앉은 식탁 위 샹들리에에 아슬아슬하게 매달려 있습니다. 아뿔싸! 샹들리에를 잡고 있던 손이 미끄러져 로스큐로가 왕비의 수프 그릇에 빠졌고, 시커먼 시궁쥐를 본 왕비는 너무 놀라 그 자리에서 숨이 멎는 대형 사고가 터집니다. 로스큐로는 겨우 지하로 도망쳐 목숨을 구하지만, 아내를 잃고 몹시 화가 난 왕은 앞으로 왕국에서 수프를 만드는 일은 불법이고 시궁쥐는 모두 없애라는 엄명을 내립니다. 이제 도르왕국은 점점 음침한 곳으로 변하고, 서서히 사람들 사이에서 웃음소리가 사라집니다. 한편 도르왕국 지하에는 생쥐들이 모여 사는 마우스월드가 있는데, 그곳에서 작지만 유독 귀가 큰 생쥐 데스페로가 태어납니다. 데스페로는 또래보다 덩치는 작지만 겁이 없고 자신만만해서 동네 골목대장을 도맡고 있습니다. 심지어 이 꼬마 생쥐는 사람들이 설치한 쥐덫을 갖고 놀기도 해서, 주변 사람들을 깜짝깜짝 놀라게 합니다. 데스페로의 부모는 아이가 큰 사고를 치지 않을까 걱정을 하고 주의도 주지만, 데스페로는 위험한 장난을 멈추지 않습니다. 과연 호기심 많은 생쥐 데스페로에게 어떤 일이 벌어질까요? 그리고 웃음을 잃어버린 도르왕국 백성들에겐 더 이상 기쁜 소식이 찾아오지 않을까요?

MOVIE INFORMATION

작은 영웅 데스페로

개봉 2009년

제작국 영국, 미국

분류 애니메이션, 가족, 모험

출연 매튜 브로데릭(데스페로), 엠마 왓슨(피공주), 더스틴 호프만(로스큐로) 등

연령 만 4세 이상

런닝타임 93분

　영화 속 데스페로의 행동은 무모하기 짝이 없어서, 만약 자녀가 그런 심한 장난을 하면 부모의 가슴은 철렁 내려앉을 겁니다. 평소 자녀가 위험한 상황에 방치되어 있다면, 아빠는 우선 아이의 안전을 확보해야 합니다. 이는 놀이를 할 때도 마찬가지로 안전 문제는 자녀와 협의 대상이 아니며, 선조치를 한 후에 자녀가 이해할 수 있도록 차분하고 반복적으로 설명해야 합니다. 문제는 자녀가 삶에서 접하는 수많은 위험을 모두 다 부모가 통제할 수 없다는 것입니다. 부모는 자녀의 안전하고 건강한 삶을 바라지만, 결국 위험을 조절하고 극복하는 주체는 바로 자녀입니다.

　최근 많은 주목을 받는 교육 형태 중 하나로 숲학교를 들 수 있는데, 숲학교는 자연 속에서 아이들의 주도성을 최대한 보장하며 놀이를 통한 교육을 지향합니다. 저희 아이도 어린이집에 다닐 때 일주일에 한 번씩 숲학교에 다녀오면, 신이 나서 자신이 경험한 것을 조잘대곤 했습니다. 숲에는 나무와 돌, 벌레와 동물, 추위와 더위 등 다양한 위험 요소가 존재합니다. 물론 지나친 위험은 사전에 선생님이 예방하고 통제하겠지만, 기본적으로 숲활동은 위험을 내포하고 있고 이를 통제하는 것은 바로 아이들입니다. 처음 숲을 접한 아이들은 나무에 오르는 것은 생각지도 못하지만, 실패하고 때로는 다치기도 하면서 마침내 나무 위를 오릅니다. 이런 과정을 겪으며 아이들은 자연스럽게 위험을 조절할 수 있는 능력을 키우게 되고, 성취감과 협동심 그리고 사회성을 키워갑니다. 마찬가지로 아빠는 숲학교 뿐 아니라 일상에서 자녀의 어려움을 대신하기 보다는 스스로 해결할 수 있도록 시간을 주고, 놀이를 통해 위험을 경험하고 통제할 수 있는 기회를 줄 수 있어야 합니다.

─── **TIP 위험과 안전이 공존하는 놀이터** ───

EBS의 놀이터 프로젝트 '위험한 놀이터로 오세요(참고13)'를 보면 안전에 대한 색다른 시선을 확인할 수 있습니다. 독일의 놀이터 디자이너 귄터 벨트지히는 놀이터를 설계할 때 중요시하는 가치에 대해 이렇게 말합니다. "저는 빈공간과 아이들만의 취향을 중요하게 생각합니다. 그리고 또 중요한 것은, 아이들이 접할 수 있는 위험 요소입니다. 사람들은 놀이터는 안전해야 한다고 말합니다. 아니죠. 위험성은 항상 존재해야 합니다. 무릎이 다쳐 피가 나거나 다리가 부러지는 정도는 허용될 수 있는 부분입니다. 위로 조심스럽게 올라가는 놀이를 통해 다칠 수도 있지만, 위험을 경험하면서 잘 오르는 법을 배우게 됩니다." 덴마크의 놀이터 회사 대표인 올레 바르스룬드 닐센은 이렇게 말합니다. "가파른 기구에서 떨어질 수도 있습니다. 그런 다음 아프다는 것을 알게 되죠. 하지만 다음에 또 도전하게 되겠죠. 이런 기회가 아이들에게 주어져야 합니다. 만약 어른들이 놀이터의 위험성을 미리 제거하면, 아이들 스스로 안전을 지켜낼 기회가 없어져서 아무것도 배우지 못하게 될 것입니다." 그렇다면 놀이터를 만드는 디자이너나 제작사와 달리 안전을 책임지는 사람의 의견은 어떨까요? 한 사람이 다소 허름하고 위험해 보이는 놀이터에서, 모래바닥의 깊이와 나무판의 간격을 꼼꼼히 살피고 있습니다. 그는 독일의 놀이터 안전 전문가 프란츠 다너로, 독일의 놀이터 안전 기준에 대해 이렇게 말합니다. "안전 기준의 서문을 보면 놀이터는 위험성을 주기 위해 만들어진다고 합니다. 위험을 제공함으로써 아이들이 위험에 대처할 기회를 마련해 주며, 아이들이 경험하는 위험은 이로울 수 있습니다."

때로는 위험도 필요해요!
〈작은 영웅 데스페로〉

자녀는
삶의 원동력

〈라이프 오브 파이〉

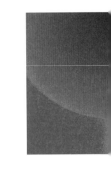

　사업가로 수완이 좋은 파이의 아빠는 동물원을 운영합니다. 어린 시절 호기심 많은 파이는 벵골호랑이 리차드 파커에게 몰래 고기를 주다가 큰 사고를 당할 뻔하지만, 아빠의 도움으로 겨우 위기를 모면합니다. 아빠는 철없는 아들에게 리차드 파커가 염소를 잡아먹는 무시무시한 광경을 보여주며, 호랑이는 놀이감이 아니라 위험한 맹수임을 알려 줍니다. 소년이 된 파이가 여자 친구도 사귀고 행복한 시간을 보낼 즈음, 파이의 아빠는 급박하게 캐나다 이민을 결정합니다. 동물들은 캐나다로 옮겨 현지에서 판매하기로 하고, 가족과 동물들이 함께 캐나다로 향하는 배에 승선합니다. 하지만 파이가 탄 배가 폭풍우를 만나 침몰하게 되고, 배에 탄 가족과 동물들 모두 바다에 빠져 죽는 엄청난 사고가 발생합니다. 파이는 가까스로 구명보트에 오르지만, 그곳에는 이미 벵골호랑이 리처드 파커가 자리

잡고 있습니다. 파이는 태평양 한가운데서 사람도 잡아먹을 수 있는 호랑이 리차드 파커와 목숨을 건 여행을 하게 됩니다. 과연 파이는 맹수와 함께하는 예상치 못한 여행에서 목숨을 지켜낼 수 있을까요?

아빠 생각

망망대해에 떠있는 구명보트 위에서 소년과 벵갈호랑이 둘만의 항해! 언뜻 생각하면 호랑이가 소년을 잡아먹거나 거꾸로 소년이 초인적인 힘을 발휘해 호랑이를 죽여야만 한쪽이 살 수 있을 듯합니다. 하지만 예상치 못한 여행을 마친 파이는 만약 리차드 파커가 없었다면 자신도 죽고 말았을 거라며, 목숨을 건질 수 있었던 이유와 고마움을 리차드 파커에게 돌립니다. 물론 영화처럼 맹수와 맞닥뜨리고 바다에 표류하는 위험 상황

MOVIE INFORMATION

라이프 오브 파이

개봉 2013년, 2018년 재개봉
제작국 미국
분류 모험, 드라마, 판타지
출연 수라즈 샤르마(소년 파이), 이르판 칸(어른 파이) 등
연령 초등학생 이상
런닝타임 127분

은 아니겠지만, 가끔 아빠들 역시 가장으로서 깊은 책임감을 느끼고 어떻게 자녀를 양육할지 몰라 큰 부담을 느끼기도 합니다. 하지만 자녀를 양육하는 아빠가 항상 어려움만 느끼는 것은 아닙니다. 유튜브에서 '나는 아버지입니다(참고14)'를 검색해 보면, Team Hoyt 부자를 찾을 수 있습니다. 젊은이도 도전하기 어렵다는 풀코스 마라톤과 철인3종 경기를 노년의 아버지가 사력을 다해 뛰고 헤엄칩니다. 그것도 혼자가 아닌 장애가 있는 아들을 휠체어와 보트에 태워서 말입니다. 출산 중 불의의 사고로 뇌성 마비를 안고 태어난 아들이 '달리고 싶다'는 간절함을 얘기했을 때, 아버지로서 그는 아들의 절규를 외면할 수 없었습니다. 아들은 자신을 위해 고된 일을 마다하지 않는 아버지에게 "아버지 고마워요. 아버지가 없었다면 할 수 없었어요."라고 말합니다. 반면 아버지는 "네가 없었다면 나도 하지 않았다."며 자신에게 있어서 아들의 의미를 담담히 고백합니다.

자녀를 키우며 교육비, 생활비 등 돈도 만만치 않게 들지만, 아무리 생각해도 저는 아이에게 해준 것보다 받은 것이 훨씬 많다는 생각이 듭니다. 물론 아이가 저에게 물질적인 부분을 준 것은 아니지만, 아이를 키우며 저는 세상을 살아갈 수 있는 용기를 가질 수 있었고 삶의 의미도 조금씩 느끼고 있습니다. 만약 아이가 없었다면 세상을 무슨 재미로 살고, 어디서 이런 큰 사랑을 받고 행복을 느낄 수 있었을까요? 때로는 아이를 키우는 것이 부담으로 느껴질 때도 있었지만, 저는 아이와 함께 이 세상을 살아갈 수 있다는 것에 감사하고 아들에게 정말 고맙다는 말을 하고 싶습니다.

─── TIP 아빠 자신을 성장시키는 힘, 자녀 양육! ───

한 모임에 갔다가 재미있는 이야기를 들었습니다. 우리나라 아빠들은 자녀 양육에 너무 큰 부담을 느끼다 보니, 지레 겁을 먹어서 오히려 양육 참여가 부족한 것 같다고 말합니다. 그래서 '아빠, 힘 내세요!'보다 '아빠, 힘 빼세요!'가 더 중요한 것 같다는 말에 많은 사람들이 공감을 했습니다. 어떤 아빠는 양육 과정에서 부모가 자녀에게 너무 과다한 물질적, 정신적, 시간적 자원을 투자하고 희생하다 보니 힘은 힘대로 들고, 오히려 부모가 자녀에게 너무 많은 것을 바라게 되는 부작용이 일어나는 것 같다며 걱정하기도 합니다. 하지만 아빠가 자녀를 키우는 과정에서 어려움을 겪고 고민도 하지만, 그 속에는 '숨은그림찾기'처럼 작은 행복들이 숨어 있습니다.

자녀 양육에 관심이 많은 아빠와 양육의 의미에 대해 이야기를 나눈 적이 있습니다(참고15). "아이를 키우면서 제 자신이 성숙해졌다는 부분은 정말 공감해요. 내가 만약 자식을 낳지 않았다면 아마도 저는 일에 목을 멘 워크홀릭이 되었을 것이고, 물론 지금도 부족하지만 내 인생의 심오한 경지로 가고 있지 못할 거라는 생각이 들어요. 양육을 하고 고민해 본다는 것은 평생을 살아가면서 해볼 수 있는 가장 깊은 고민이고, 가장 큰 도전, 가장 큰 감동이라는 생각이 들어요. 그래서 아빠가 일정 부분 양육에 참여해야 한다고 생각하고, 그래야만 아빠도 더 큰 기쁨을 얻을 수 있고, 그 기쁨의 레벨이 일과는 다르다고 생각해요."

어떤 아빠로
기억되고 싶나요?

〈라이온 킹〉

　　초원의 왕인 사자 무파사에게 아들 심바가 태어나고, 무파사는 자신의 대를 잇게 될 심바가 너무 소중하고 사랑스럽습니다. 하지만 무파사의 동생 스카는 심바의 탄생을 달가워하지 않습니다. 왜냐하면 심바가 태어나면서 자신은 영원히 왕위에 오를 수 없는 처지가 됐기 때문입니다. 무파사는 심바가 성장하면서 앞으로 왕이 되면 다스릴 영토와 해야 할 임무에 대해 세심하게 가르칩니다. 그리고 심바에게 주의할 것 중 하나로 북쪽 경계선에 있는 코끼리 무덤에는 절대로 가지 말고, 특히 그곳에서 무리지어 사는 하이에나를 조심하라고 당부합니다. 하지만 아직 경험이 부족하고 마음이 앞서는 심바는, 자신은 용맹한 사자이고 무파사의 뒤를 이어 초원의 왕이 될 거라는 자만심에 빠져 아빠의 충고를 흘려 듣습니다. 한편 왕이 되고 싶은 스카는 용감한 사자만이 코끼리 무덤에 갈 수 있다며

심바의 자존심을 부추기고, 결국 심바는 여자친구 날라와 함께 코끼리 무덤으로 향합니다. 심바와 날라가 으스스한 코끼리 무덤을 구경하고 있을 즈음, 스카와 함께 비밀 계획을 세운 하이에나 무리가 나타납니다. 이들을 본 심바와 날라는 사력을 다해 도망치지만 결국 막다른 곳에 다다르게 되고, 하이에나 무리는 어린 사자들의 목숨을 위협합니다. 과연 음모에 빠진 심바는 하이에나에 의해 목숨을 잃게 될까요? 그렇다면 권력에 눈이 먼 스카가 형 무파사의 뒤를 이어 초원의 왕이 되는 걸까요?

무파사는 자신의 시대가 가면 곧 아들 심바의 시대가 올 거라며 아들에게 삶의 균형을 잃지 않고 생명을 존중하며, 언젠가 왕도 죽게 되면 흙으

MOVIE INFORMATION

라이온 킹

개봉 1994년, 2019년 재개봉

제작국 미국

분류 모험, 드라마, 가족

출연 도날드 글로버(심바), 제임스 얼 존스(무파사), 치웨텔 에지오포(스카) 등

연령 만 4세 이상

런닝타임 89분

로 돌아간다는 자연의 섭리를 가르칩니다. 그는 초원의 왕으로서 또한 한 명의 아버지로서 자식을 교육하는 일에 엄격하지만, 한편으론 심바에게 친근하고 애정이 가득한 모습을 결코 잃지 않습니다. 그런 아버지를 보며 자란 아이가 청소년이 되고 또한 성인이 되면, 과연 어떤 모습으로 아빠를 기억하게 될까요?

"이건 민주적이지 않은 것 같아요!" 초등학교 5학년 아들이 저에게 불만을 터뜨리며 했던 말입니다. '민주적'이라는 말에 저는 순간 깜짝 놀라고 정신이 버쩍 들었습니다. 아이에게 리모콘을 갖다 달라고 대수롭지 않게 말했는데, 생각지도 못한 이야기를 들은 겁니다. 어린 시절 아이가 울음을 터뜨리면 저는 왜 우는지 알아보고, 먹을 것을 주고 기저귀도 갈아주며 아이의 요구에 민감하게 반응하기 위해 노력했습니다. 하지만 어느새 아들이 초등학생쯤 돼서 무언가 시켜 먹을 만하니, '물 좀 떠다 줘라, 책 좀 갖다 달라' 등 사소한 심부름을 교묘하게 시켰던 것 같습니다. 그래도 아빠를 끔찍이 좋아해서 별 내색을 하지 않던 아이가 어느새 초등학교 고학년쯤 되니, 아빠의 행동이 부당하다며 불만을 터뜨린 겁니다. "이건 아빠가 해야 할 일인데, 왜 저에게 시키세요?"라는 아이의 말에, "그럼 네가 나가서 돈 벌어와."라는 옹색한 변명으로 자존심을 세웁니다. 어느덧 아이 얼굴이 일그러지고 화를 내기 시작하자, 제 목소리도 더욱 높아집니다. 한참 아이와 실랑이를 하다 보니, 진작 아이에게 '알았어. 리모콘 아빠가 가져다 쓸게.'라고 말하며 마무리했으면 하는 아쉬움이 듭니다. 그리고 한편으론 어느새 우리 아이가 참 많이 컸다는 생각도 해봅니다. 이렇게 자기 마음도 잘 몰라주는 아빠를 우리 아이가 자라서 어떻게 생각할지 미안한 마음이 들었습니다.

─── TIP 따뜻한 눈길 한 번, 다정한 말 한 마디 ───

조선 시대 한 가정이 있었습니다. 아버지는 아들을 사랑했지만, 아들을 공개적으로 죽일 수밖에 없었습니다. 바로 영화 '사도'(참고16)에 대한 이야기입니다. 이 영화는 사도 세자의 죽음에 대한 역사적인 내용을 담고 있지만, 그 안을 들여다보면 슬픈 가정사 속에게 심각하게 무너진 아버지와 자식의 관계를 볼 수 있습니다. 영조는 사도세자에게 "네가 실수할 때마다 내가 얼마나 가슴 졸였는지 아니?"라고 말합니다. 하지만 그런 아버지에게 아들은 "내가 바란 것은 아버지의 따뜻한 눈길 한 번, 다정한 말 한 마디였소."라고 절규합니다. 과연 사도 세자는 아버지 영조에게 특별하고 대단한 것을 바랐던 걸까요?

영화 속 무파사는 심바가 실수할 때 체벌하거나 혼내지 않고 먼저 합리적인 이유를 설명하고, 심바 스스로 자신을 조절할 수 있도록 세심하게 훈육합니다. 가정을 부양하기 위해 돈을 버는 것도 아빠로서 해야 할 중요한 일이지만, 자녀에게 친근하게 대하고 인격적인 관계를 맺어가는 것이 반드시 필요합니다. 아마도 사도 세자가 아버지에게 바랐던 것은 무언가 대단한 것이 아니라, 무파사가 보여준 듬직하면서도 친근한 진짜 아버지의 모습이 아니었을까요?

문제 해결의
출발점, 나!

〈크리스마스 캐롤〉

　크리스마스에 가장 잘 어울리는 영화를 뽑으라고 하면, 그중 하나가 바로 '크리스마스 캐롤'이 아닐까 생각합니다. 욕심 많은 구두쇠 스크루지가 거리를 지나갈 때면, 사람들은 그와 눈도 마주치지 않으려 합니다. 스크루지는 크리스마스 이브를 맞아 저녁 식사에 자신을 초대하러 온 조카를 가난뱅이라 모욕하고 결국 사무실에서 쫓아냅니다. 성탄절 기부금을 모으는 사람들에겐 가난한 사람을 모두 감옥에 처넣으라며 막말도 서슴지 않습니다. 한편 종업원 크라칫에겐 크리스마스에 쉬는 것도 아깝다며, 휴일 다음 날엔 새벽같이 나와 일하라고 윽박지릅니다. 그날 저녁 집으로 돌아온 스크루지가 외롭게 혼자서 식사를 하던 중, 굳게 잠긴 문 사이로 7년 전 죽은 동업자 말리의 유령이 들어옵니다. 몸을 움직이기 어려울 정도로 무거운 쇠사슬에 묶인 채 나타난 말리는, 소중한 인생을 아깝게 낭

비한 자신의 인생을 후회하며 스크루지에게 인생의 마지막 기회만이 남아있음을 경고합니다. 그리고 앞으로 과거, 현재, 미래의 유령을 만나게 될 것을 알린 후, 쇠사슬에 묶인 무거운 발걸음을 옮기며 사라집니다. 과연 욕심 많은 구두쇠 스크루지는 과거, 현재, 미래의 유령을 만나 어떤 일을 겪게 될까요? 자신밖에 모르는 스크루지는 마지막 기회를 통해서 삶이 변하게 될까요?

─── 아빠 생각 ───

영화 속 스크루지의 조카는 "삼촌, 왜 그렇게 마음이 얼어붙으셨어요?"라고 말하며, 삼촌에 대한 안타까운 마음을 표현합니다. 하지만 스크루지는 자신의 문제점을 인정하기보다는, 오히려 세상 모든 사람들이

MOVIE INFORMATION

크리스마스 캐롤

개봉 2009년

제작국 미국

분류 애니메이션, 판타지, 가족

출연 짐 캐리(스크루지), 콜린 퍼스(프레디), 게리 올드만 (크라칫) 등

연령 초등학생 이상

런닝타임 96분

잘못됐다며 더욱 고집스러운 모습을 보입니다. 사실 저도 그런 경험이 있는데, 아이가 초등학교 3학년때 아들의 친구 두 명을 데리고 박물관에 다녀온 적이 있습니다. 비가 내리는 날씨에 장난기 심한 남자 녀석들 셋을 데리고 다니다 보니, 무심코 아이들을 보면서 "~하지 마"라는 말을 자주 사용했나 봅니다. 아들이 살짝 저에게 다가와 친구들에게 그런 말투를 쓰지 않았으면 좋겠다는 말을 했습니다. 순간 열 살 아들로부터 지적받은 것이 기분 나빠서, "그럼 너희들이 위험한 행동 안 하면 아빠도 그런 소리 안 해도 되잖아!'라고 말하며 아이를 쏘아붙였습니다. 순간 '아차, 내가 실수했구나!'라는 생각이 들어 재빨리 인상을 풀었고, 이후에는 '~하자'라는 말로 표현을 바꿨습니다.

혹시 저처럼 자신의 잘못을 인정하기보다는 고집을 부렸던 경험이 아빠들에게도 있나요? SBS에서 방영한 '우리 아이가 달라졌어요'라는 프로그램에서 자녀가 문제 행동을 일으키는 이유를 살피다 보면, 결국 그 원인이 부모로 귀결되는 경우를 종종 보게 됩니다. 그래서 방송을 본 사람들이 우스갯소리로 하는 말이 프로그램의 제목을 '우리 부모가 달라졌어요'로 바꾸는 것이 좋겠다는 말을 합니다. 고집스럽게 자신을 방어하고 문제의 원인을 자녀 그리고 남에게 넘기는 스크루지 같은 모습이 아니라, 자신의 부족함을 먼저 인정하고 개선점을 찾기 위해 노력하는 모습이 문제 해결의 출발점입니다.

TIP 아이들이 바라본 아빠의 특징

아빠는 나름 자녀를 민주적이고 합리적으로 대한다고 생각하지만, 과연 우리 아이들은 아빠를 어떻게 생각할까요? 교사인 박미자 선생님은 중학교 1, 2학년 학생들이 뽑은 아빠의 특징을 '① 잘난 척 ② 고집 ③ 소리 지르기'라고 말합니다(참고17). 여러분은 어떻게 생각하시나요? 제 생각에는 얼추 저의 특징과 비슷하다고 느껴집니다. 그런데 이러한 사실에 덧붙여진 재미난 비밀이 있는데, 박미자선생님은 이렇게 아빠의 특징을 정리한 아이들 역시 비슷한 모습을 보인다고 합니다. 사춘기 아이들 역시 잘난 척을 많이 하고, 고집이 세며 소리도 잘 지른다고 합니다. 그래서 이런 아이들의 특징을 활용하면, 아빠는 자녀와 좀 더 원만한 관계를 맺을 수 있다고 합니다. 선생님은 이렇게 조언합니다. "어른들은 당장 눈에 보이는 태도에만 집중해 아이를 꾸짖는 경우가 많습니다. 태도 그 자체에 지나치게 신경을 쓰다 보면 얻는 것보다는 잃는 것이 많습니다. 지금 마음에 들지 않는 아이의 겉모습은 아이가 곧 벗어 던질 허물이라 생각하고 관대한 시선으로 바라보아야 합니다. 가르치려 하기보다는 궁금한 것을 아이에게 질문해 보십시오. 아이들이 매우 성실하고 예의 바른 태도로 자신이 아는 것을 하나라도 더 알려주고자 애쓰는 모습을 볼 수 있습니다. 아빠와 중학생, 모두 아는 것을 자랑하거나 남을 가르치는 것을 좋아하고 잘난 척하는 것을 좋아합니다. 하지만 아이와의 소통을 염두에 둔다면 아빠가 먼저 '잘난 척'을 참고, 아이의 말을 들어주는 태도 개선이 필요합니다."

Chapter 2
에릭슨의 8단계 발달 이론

에릭슨의 8단계 발달 이론

자녀를 키우다 보면 아이에게 연속적인 변화가 일어나는데, 인간이 태어나고 죽음에 이르기까지 일어나는 변화를 '발달'이라고 말합니다. 인간의 발달에 대해서는 다양한 이론이 있지만, 미국의 정신분석학자 에릭슨(Erik Erikson)의 심리사회적 8단계 발달 이론은 좋은 기준이 될 수 있습니다(참고18). 그는 인생을 8단계로 나누고 각 시기별로 반드시 이뤄야 할 중요한 과업(Task)을 제시하고, 반대로 그 과업을 성취하지 못했을 때 일어날 수 있는 부정적 측면도 함께 보여줍니다.

① 신뢰감 vs 불신감

주양육자를 중심으로 맺는 안정적인 애착이 중요하며, 이 시기 양육자와 형성된 신뢰감이 사회적 관계를 만드는 기초가 됩니다. 아빠는 어린 자녀의 발달을 이해하고 신체적, 정서적 요구에 적극적으로 반응하면서 신뢰감을 형성해야 합니다.

③ 주도성 vs 죄책감

신체활동이 더욱 자유로워지면서 다양한 놀이를 즐길 수 있고 친구를 사귀며 일상에서 흥미를 느끼고 주변의 물건에 관심이 높은 시기입니다. 아빠는 자녀가 작은 일에도 스스로 하려는 주도성을 이해하고, 생활 속에서 아이 스스로 탐색하고 경험할 수 있는 기회를 가질 수 있도록 배려하고 긍정적인 자아가 형성될 수 있도록 관심을 가져야 합니다.

4단계
만 6~11세

3단계
만 3~6세

2단계
만 1.5~3세

1단계
만 0~1.5세

② 자율성 vs 수치심

대소변을 가리고 자신의 몸을 조금씩 조절할 수 있게 되면서 활동 범위를 넓히며 자율성이 확대되는 시기로, 자녀가 일상의 작은 일들에 흥미를 갖고 숙달되도록 아빠의 여유와 기다림이 요구됩니다.

④ 근면성 vs 열등감

가족 중심에서 친구와 학교로 사회적 관계가 확대되고 자아가 더욱 성장하는 시기로, 다양한 지식과 기술을 배워갑니다. 아빠는 자녀가 도전을 통해 성공과 실패를 경험하고 좌절하지 않도록 격려하고, 해야 하는 일 그리고 하고 싶은 일을 찾아 성실하게 임하는 습관을 가질 수 있도록 합니다.

⑤ 정체성 vs 정체성 혼란

급격한 신체적, 정신적 변화 속에서 정체성을 확립해 가는 시기로, 자녀는 학업과 진로에 대해 고민하게 됩니다. 아빠는 자녀를 독립적인 존재로 인정하지만 규칙과 제한 없이 방치해서는 안되며, 친근한 대화와 소통으로 자녀에게 변함없는 관심과 애정을 표현해야 합니다. 자녀는 변하지 않고 자신을 지지하는 아빠가 있음을 확인하면서, 좀 더 큰 세상 속에서 자신의 정체성과 독립심을 키워갑니다.

⑦ 생산성 vs 침체감

부모로부터 경제적, 정신적인 독립을 하고 직업적 성취를 통해 인생의 업적을 만들고, 다음 세대인 자녀를 출산하고 양육하면서 더욱 충만한 삶을 만들어 가는 시기입니다.

8단계
노년기

7단계
성인기

6단계
성인 초기

5단계
청년기

⑥ 친밀감 vs 고립감

친구, 이성, 대학 등 활동 범위가 확대되고 다양한 사회적 관계를 맺어가는 시기로, 부모는 언젠가 자녀가 부모를 떠나 독립적인 삶을 살 수 있는 준비를 갖출 수 있도록 지원이 필요합니다.

⑧ 자아 통합 vs 절망

직업에서 은퇴를 하고 자녀 양육을 마무리하면서 삶을 성찰하고, 인생의 지혜를 만들어가는 시기입니다.

인간의 삶 전체를 통찰한 이 이론은 자녀의 인생 뿐 아니라 아빠 자신에게도 적용해 보면 좋을 듯합니다.

이렇듯 인생 전체로 볼 때 우리 아이들은 이제 겨우 시작점에 서있으며, 앞으로 많은 경험과 충분한 기회를 갖게 될 것입니다. 창창한 미래를 살아갈 자녀를 아빠로서 잘 양육하는 것과 더불어, 삶의 주체로서 인생의 성인기를 생산적이며 가치 있게 살아가는 아빠의 모습 역시 중요합니다.

애착의
힘

〈마당을 나온 암탉〉

잎싹은 앞마당을 돌아다니는 노란 병아리를 보며 언젠가 자신도 알을 부화시켜 예쁜 병아리로 키우고 싶다는 소박한 꿈을 갖고 있지만, 사실 잎싹은 양계장의 좁은 창살 안에서 사람이 먹는 식용 계란을 낳는 암탉입니다. 그녀는 자신의 꿈을 실현하기 위해 우선 창살과 양계장을 탈출해야 한다고 생각해서, 목숨을 건 탈출을 시도합니다. 결국 잎싹은 양계장 탈출에 성공하지만, 양계장 바깥 세상은 생각했던 것처럼 평화롭거나 만만한 곳이 아닙니다. 새끼 병아리를 낳아 키울 수 있는 여건은 고사하고 잎싹 자신의 몸 하나 지탱하기 힘든 형편에서, 온갖 위험이 주변에 도사리고 있습니다. 과연 잎싹은 아직까지 인간이 주던 먹이로 사육되던 양계장을 벗어나, 위험천만한 바깥 세상에서 가정을 꾸리고 귀여운 병아리를 키우는 행복한 꿈을 실현할 수 있을까요?

아빠 생각

　영화 속 잎싹은 초록을 키우며 행복한 추억을 쌓기도 하지만 때론 초록과 갈등하며 한계를 느끼기도 하고, 초록 역시 자신의 정체성을 찾지 못해 힘들어하기도 합니다. 하지만 잎싹은 초록을 진정으로 사랑하고 초록역시 잎싹에 대한 한결같은 신뢰가 있기에, 어려움과 갈등을 꿋꿋이 이겨낼 수 있었습니다.

　아이가 돌이 되기 전까지 저는 그리 괜찮은 아빠가 아니었습니다. 바쁜 직장 생활로 제 자신을 챙기기도 쉽지 않았고 자연스럽게 가정에도 소홀했습니다. 자의 반 타의 반으로 업무적인 술자리가 적지 않았고 12시가 넘어 집에 돌아오면, 아이 얼굴도 제대로 보지 못하고 잠자기에 급급했습니다. 아이 돌이 겨우 지나서야 집 가까운 곳으로 산책을 가고 소소한 일

MOVIE INFORMATION

마당을 나온 암탉

개봉 2011년

제작국 한국

분류 애니메이션, 가족, 모험

출연 문소리(잎싹), 유승호(초록), 최민식(나그네), 박철민 (달수) 등

연령 만 4세 이상

런닝타임 93분

애착의 힘
〈마당을 나온 암탉〉

을 함께하기 시작했습니다. 회사 일은 여전히 바빴지만, 짧은 시간이라도 짬을 내서 아이와 놀기 위해 노력하려는 마음이 생겼습니다. 아이가 초등학교 3학년 때 본사에서 근무하다가 점포 발령을 받게 되었습니다. 아이에게 앞으로 주말에는 근무를 하고 월요일과 화요일에 쉬게 되었다는 말을 하자, 그렇게 되면 아빠랑 충분히 놀 수 없다며 서럽게 울던 아이 모습이 지금도 생각납니다. 사실 저도 당시에는 어떻게 해야 할지 몰라 당황스러웠습니다. 하지만 저는 쉬는 날이면 학교에 다녀온 아이를 기다렸다가 서점에 가고 야구장 야간 경기도 구경하며 주어진 시간을 최대한 활용했습니다. 시간이 정말 없을 땐 동네 식당에서 밥 한 끼 먹거나 캐치볼 등을 하며 소소한 시간이라도 함께 하려 했습니다. 아이가 초등 고학년 그리고 중학생이 되면서 자기 주장이 세지고 사소한 일에 삐치기도 하면서 갈등의 시간도 있었습니다. 하지만 전반적으로 보면 저는 제 아이를 끔찍이 사랑하고 아이도 저를 신뢰했기에 아직까지 큰 문제없이 친구처럼 잘 살아온 것 같습니다. 앞으로도 저와 아이 사이에 많은 일들이 생기겠지만, 아직까지 쌓은 신뢰와 사랑을 바탕으로 지혜롭게 갈등을 극복해 나가리라 생각합니다. 잎싹과 초록처럼 말이죠.

TIP 할로우 박사의 애착 실험

애착의 중요성을 잘 보여주는 사례로 할로우(Harry Harlow) 박사의 원숭이 실험이 있습니다. 한편에는 철사로 만든 차가운 질감의 어미 원숭이 모형에 젖병이 설치되어 있고, 반대편에는 젖병은 없지만 접촉했을 때 부드러운 느낌의 천으로 덮인 원숭이 모형이 있습니다. 두 가지 환경이 공존하는 실험실에 새끼 원숭이를 풀어놓고 자유롭게 다닐 수 있게 한다면 과연 어떤 일이 생길까요? 흥미롭게도 새끼 원숭이는 배가 고플 때만 젖병이 있는 철사 원숭이에게 갔고, 평상시는 부드러운 천으로 덮인 원숭이 곁에서 시간을 보냈습니다. 두 번째는 시끄럽게 북을 치는 곰인형을 실험실에 넣어 공포심을 자극했을 때 새끼 원숭이의 반응을 관찰했습니다. 예상치 못한 곰인형의 등장에 놀란 새끼 원숭이는 철사 원숭이는 거들떠보지도 않고, 곧장 천으로 덮인 원숭이에게 달려가 자신의 두려운 감정을 위로 받으려 했습니다.

애착이란 한 사람이 다른 사람과 형성하는 애정적, 정서적 연대감을 말합니다. 이러한 실험을 통해서 자녀에게 의식주 같은 기본적인 욕구 충족도 중요하지만, 평상시 따뜻한 신체 접촉을 하고 정서적 요구에 반응하며 긍정적인 관계를 쌓아가는 것이 얼마나 중요한지를 확인할 수 있습니다. 애착은 결코 하루 아침에 쌓이지 않습니다. 놀이, 대화, 산책, 운동, 여행 등 다양한 방법을 통해서 꾸준히 애착을 쌓아가는 아빠의 성실한 노력이 필요합니다.

애착은
언제 생기죠?

〈고 녀석 맛나겠다〉

　길을 걷던 티라노사우루스 하트는 발밑에 버려진 알 하나를 발견합니다. 마침 배가 고팠던 하트는 알을 먹으려고 살짝 건드린 순간, 알에서 초식 공룡인 안킬로사우루스의 새끼가 태어납니다. 오히려 더 잘 됐다고 생각한 하트는 새끼 공룡을 잡아먹으려고 "고 녀석 맛나겠다"라고 말했더니, 새끼 공룡은 자신의 이름이 '맛나'이고 하트를 아빠로 착각해 겁도 없이 육식 공룡 하트에게 친근감을 보입니다. 맛나의 당돌한 행동에 하트는 당황스럽지만, 자신을 아빠라고 부르는 초식 공룡 새끼에게 묘한 감정을 느낍니다. 하트는 이 조그만 초식 공룡 잡아먹기를 잠시 보류하고 맛나와 함께 여행을 떠나기로 합니다. 과연 얼떨결에 아빠가 된 티라노사우루스 하트는 새끼 안킬로사우루스 맛나를 잡아먹지 않을까요? 아니면 하트가 진짜 아빠는 아니지만 맛나를 훌륭하게 양육할 수 있을까요?

아빠 생각

　이 영화는 알을 깨고 태어난 새끼 초식 공룡이 태어나서 처음으로 본 육식 공룡을 아빠로 여기고 함께 살아가는 엉뚱한 상상을 바탕으로 시작됩니다. 여러분도 자녀가 처음 세상에 태어난 날을 기억하시죠? 저는 아내의 오랜 산고 끝에 태어난 아기를 보며 고맙다는 생각과 함께 무엇인가 해냈다는 기쁜 마음도 들었습니다. 반면 아이를 잘 키울 수 있을지 불안이 엄습하고 책임감도 느껴지면서 만감이 교차했습니다. 하지만 저는 아기가 태어난 다음 날부터 출근을 해야 했고, 회사 동료들로부터 출산을 축하하는 미역과 고기도 선물받았지만, 곧 일상의 업무 속에서 제 역할을 담당하고 야근도 평상시처럼 이어졌습니다. 결국 자연스럽게 아이를 돌보는 일은 아내의 몫으로 돌아가고 말았습니다. 반면 엄마들 이야기를 들

MOVIE INFORMATION

고 녀석 맛나겠다

개봉 2011년
제작국 일본
분류 애니메이션, 가족, 모험
출연 야마구치 캇페이(하트), 카토 세이시로(맛나) 등
연령 만 4세 이상
런닝타임 89분

애착은 언제 생기죠?
〈고 녀석 맛나겠다〉

어보면, 아이를 키우며 가장 힘든 시기 중 하나로 출산부터 1년 사이를 꼽는 경우가 많습니다. 이때는 갓 태어난 아기를 돌보고 이전과 달라진 자신의 몸과 마음에 적응하면서 살림도 해야 하는 부담이 적지 않다고 합니다. 그러다 보니 몸은 점점 힘들어지고 정신적으로 한계를 느끼다가 결국 우울증에 걸리는 분들도 있습니다.

반면 아빠들은 아내 위주로 돌아가는 육아와 가사에 어떻게 참여해야 할지 몰라 혼란스럽고, 아내가 표현하지 않으면 속마음을 제대로 알지 못해 심각한 아내의 상황을 인지하지 못하기도 합니다. 맞벌이 가정의 어떤 아빠는 추후 직장으로 복귀해야 할 엄마가 아기와 생후 1년까지는 집중적으로 애착을 쌓아야 한다며, 오히려 자신은 육아 참여에 미온적인 경우도 있습니다. 하지만 이 시기 엄마가 신체적, 정신적으로 건강하지 못하면 아기와 긍정적인 애착을 맺기 어렵습니다. 많은 엄마들의 경우 신체적인 한계가 정신적인 어려움으로 이어지는 경우가 적지 않기에, 아빠의 적극적인 육아 참여가 반드시 필요합니다. 이를 통해서 아기는 물론 아내에게도 큰 힘이 된다는 것을 명심해야 하며, 아빠의 노력과 관심 속에서 아기와 엄마 그리고 아기와 아빠의 애착은 더욱 공고해집니다.

TIP 보울비의 애착이론

영국의 심리학자 보울비(John Bowlby)는 2차 세계 대전 후 영국의 고아원에서 자란 아이들이 타인과 친밀하고 지속적 관계를 형성하지 못하는 정서적 문제를 발견합니다. 또한 정상적인 가정에서도 주양육자와 장기간 분리 경험이 있는 아이들에게 이와 비슷한 징후를 확인하고, 삶의 초기에 아이들이 어머니(주양육자)와 확고한 애착 형성 기회를 놓쳤을 때의 문제점에 주목합니다(참고19). 보울비는 아기가 태어나 자신을 돌보는 사람, 특히 어머니 같은 주양육자와 강한 정서적 연대감을 맺고 지속하는 것을 애착(Attachment)이라 정의합니다. 양육자의 즉각적, 반응적인 양육을 경험한 아이는 부모 그리고 다른 사람으로부터 도움을 받아 어려움을 극복할 수 있다는 믿음과 능력을 키웁니다. 반면 그렇지 못한 아이는 의존적이거나 자신의 능력에 대한 믿음이 부족해, 사회적인 관계에 잘 적응할 수 없다고 합니다. 그는 애착이 형성되는 이때를 민감한 시기(Sensitive Period)로 보았고, 애착의 발달 단계를 다음과 같이 구분합니다.

① 전애착기(출생 ~ 6주)

이 시기 아기는 엄마의 목소리와 냄새를 인식하지만 아직 애착이 형성되지는 않으며, 엄마가 아닌 다른 사람이 돌봐도 괜찮고 낯선 사람과 혼자 남겨져도 개의치 않는 비사회적 단계입니다.

② 애착 시작기(6주 ~ 6/8개월)

선별적 사회적 반응이 나타나 친숙한 사람(주양육자 및 양육자)과 그렇지 않은 사람을 구별하기 시작합니다. 자신의 행동이 다른 사람에게 영향을 미친다는 것을 알고 친숙한 사람과 신뢰감을 형성하기 시작하지만, 이 시기에 친숙한 사람과 분리되어도 저항하거나 분리 불안을 느끼지 않습니다.

③ 애착 단계 (6/8개월 ~ 18/24개월)

애착이 명확히 나타나는 시기로 애착 대상이 떠나면 분리 불안과 저항을 보이며, 이러한 행동은 15개월 경까지 계속 증가하고 낯선 이를 두려워합니다. 주변 탐색을 할 때 애착 대상(주양육자)을 안전기지(Secure Base)로 활용하며, 위안이 필요할 때 정서적 지지를 요구합니다.

④ 동반자 관계 형성기 (18/24개월 이후 ~)

발달이 진행되면서 양육자가 보이지 않아도 다시 돌아온다는 것을 이해하고 분리 저항이 감소합니다. 분리에 대해 무조건 저항하고 매달리기보다는, 자신과 주양육자의 요구를 조정하며 상호 관계를 형성합니다. 이 시기 주양육자와의 애착을 바탕으로 주양육자가 아닌 다른 사람(아버지, 형제자매, 조부모, 보모 등)과도 애착을 맺는 복합 애착이 강화됩니다.

자율성이 생기는 시기

〈점박이, 한반도의 공룡〉

이 영화는 지금으로부터 8천만년 전 백악기 한반도를 배경으로, 당시 최상위 포식자인 육식 공룡 타르보사우르스 점박이를 주인공으로 하고 있습니다. 하지만 점박이는 아직 몸길이 70cm 정도로, 태어난 지 두 달밖에 되지 않은 새끼 공룡입니다. 호기심 많은 점박이는 공룡 시대의 하이에나라 불리는 벨로키랍토르에게 쫓기기도 하고, 늙고 떠돌이인 타르보사우루스 수컷에게 둥지가 발견되어 위험에 처하기도 합니다. 점박이는 사냥에 도전해 보지만 번번히 실패하기도 하고 형제와 거친 장난을 치며 사냥 기술을 익히고, 엄마로부터 다양한 삶의 기술을 배우며 조금씩 성장해 갑니다. 과연 점박이는 여러 생명의 위기를 극복하고 또한 엄마의 보호로부터 독립해, 백악기 한반도의 최상위 포식자인 용맹한 타르보사우루스로 자리매김할 수 있을까요?

타르보사우루스 점박이도 세상에 태어날 때부터 의젓하고 자기 앞가림을 하는 그런 존재는 아니었습니다. 목숨이 위태로운 상황을 가까스로 극복하고 안전을 지켜주는 어미의 보호와 격려 속에서 스스로 노력하고 성장하면서 조금씩 자신의 모습을 만들어 갑니다. 우리 아이들도 그렇습니다. 얼마 전 식당에 갔는데 한쪽 테이블에서 엄마와 만 2세쯤 되는 아이가 실랑이를 벌이고 있었습니다. 아이는 혼자 숟가락과 젓가락을 사용하고 싶은데, 엄마는 온통 식탁을 어질러 놓은 아이를 말리며 서로의 목소리가 커지고 있었습니다. 점점 분위기가 어수선해지자 드디어 아빠가 개입해 아이를 말렸고, 아이는 자기 뜻대로 음식을 먹을 수 없게 되자 식당이 떠나가라 울음을 터뜨렸습니다. 결국 엄마가 아이를 진정시키기 위해

MOVIE INFORMATION

점박이, 한반도의 공룡

개봉 2012년

제작국 한국

분류 애니메이션, 가족, 모험

출연 이형석(점박이 아이), 신용우(점박이 청소년), 구자형
(점박이 성인)

연령 만 4세 이상

런닝타임 90분

밖으로 데리고 나가자 그제서야 식당에 평온이 찾아왔습니다.

만약 여러분이 그 아이의 아빠였다면 어떻게 하시겠습니까? 지금의 저라면 다른 손님들에게 방해가 되지 않는 선에서, 식탁이 좀 어질러져도 넉넉한 시선으로 아이를 바라보고 격려해 줄 것입니다. 이 시기 아이들은 자율성이 성장하는 시기로 주변에 관심을 갖고 스스로 해보고 싶은 마음이 클 때입니다. 그렇다면 제가 아이를 직접 키우던 때는 어땠을까요? 제 생각으론 아이에게 그다지 너그럽지 못했고, 오히려 예절이나 습관의 측면에서 바라보면서 제지를 많이 했던 것 같습니다. 그래도 다행스러운 것은 놀이할 때 저는 아이의 말을 들어주고 묵묵히 지켜보면서 기회와 자율성을 보장하기 위해 의식적으로 노력했습니다. 그런 경험이 쌓이면서 거꾸로 일상에서도 조금 여유를 갖고 아이에게 너그러워졌다는 생각이 듭니다. 자녀의 시기별 발달 특성을 이해하고 그런 특징이 일상에서 자연스럽게 발현되도록 하는 것은, 아빠와 자녀의 긍정적 관계를 만들어가는데 참 중요합니다.

─── TIP 자율성을 키우는 아빠의 여유 ───

에릭슨은 8단계 발달 이론에서 만 1.5~3세의 아이에게 자율성은 가장 중요한 발달 과업이라고 말합니다. 이 시기는 자녀의 활동 범위가 차츰 넓어지고 생활 속의 작은 일들을 아이 스스로 해볼 수 있도록 기회를 제공하고 여유를 갖는 아빠의 태도가 무척 중요합니다. 대표적인 사례로 대소변 가리기를 들 수 있습니다. 많은 부모들이 육아서를 근거로 대소변 가리기가 마치 만 세 살 전에 모두 끝나야 한다는 강박을 느끼기도 합니다. 하지만 36개월이 지나 조금 늦게 대소변을 가린다고 해서 아이에게 문제가 있는 것은 아니며, 개인차에 따라 조금 빠르거나 반대로 느릴 수 있습니다. 저희 아이도 36개월이 지나 대소변을 가렸는데, 이점에 있어서 아내는 아이 스스로 준비가 될 때까지 잘 기다려 주었습니다.

아이의 자율성이 형성되는 시기에 이 과업이 제대로 완수되지 못하면 아이는 수치심을 느끼게 됩니다. 대소변 가리는 것이 조금 늦고 숟가락, 젓가락질이 서툴다고 수치심을 가질 필요는 없겠죠. 아빠와 엄마가 기저귀를 좀 더 오랫동안 가지고 다니고, 아이가 사용하기 편한 수저나 식기를 챙기는 수고를 조금 더 한다면, 금세 아이는 안정적으로 삶의 기술을 익혀 나갈 겁니다. 물론 아이의 행동이 주변에 심각한 피해를 주거나 안전에 문제가 된다면 우선 제지가 필요하겠지만, 이렇게 여유를 갖는 아빠와 엄마의 태도는 이후 자녀를 지속적으로 양육하는 과정에서 아이에게 긍정적인 영향을 미칩니다.

마음을 읽어줄 때
자라는 주도성

〈패딩턴〉

페루의 깊은 숲에 사는 작은 곰 패딩턴은 부모님이 돌아가신 어린 시절부터 삼촌 부부의 따뜻한 돌봄을 받으며 함께 살았습니다. 어느 날 평화로운 숲에 큰 지진이 일어나 삼촌이 돌아가시게 되고, 삶의 터전을 잃은 패딩턴은 고민 끝에 영국인 탐험가를 찾아 런던행을 결심합니다. 아주 오래 전 영국인 탐험가는 페루의 숲을 탐험하다가 패딩턴의 삼촌 부부를 만나게 됐고, 얼마 동안 함께 생활하면서 삼촌에게 영어를 가르쳐 주며 인연을 맺었습니다. 탐험가는 숲을 떠나며 언젠가 삼촌 부부가 영국에 오게 되면 잘 돌봐 주겠다는 약속과 함께 자신이 쓰던 빨간 모자를 남기고 영국으로 돌아갔습니다. 이제 패딩턴은 삼촌과 탐험가의 오래 전 약속을 믿고 빨간 모자를 머리에 쓴 채 미지의 세계인 영국으로 출발합니다. 영국행 배에 몰래 몸을 실은 패딩턴은 가까스로 런던에 도착하지만, 아는 사람 하나 없는 낯선 곳에서 자신감을 잃고 방황합니다. 하지만 우연히 동물을 아끼는 브라운씨 가족을 만나게 되고, 그들과 함께 서툰 도시 생활을 시작합니다. 하지만 모든 것이 낯선 어린 곰에게 집안의 사소한 것 하나하나가 신기하고 때로는 불편하기도 합니다. 결국 호기심 많은 패딩턴이 손대는 일마다 대형 사고로 이어지고, 어느새 어린 곰은 브라운씨 가족에게 천덕꾸러기가 되고 맙니다. 과연 패딩턴은 브라운씨 가족과 함께하는 도시 생활에 잘 적응하고, 결국 모자를 남기고 간 탐험가를 만날 수 있을까요?

아빠 생각

패딩턴은 자신이 살던 곳과 전혀 다른 런던에서 살면서, 보통 사람들에

MOVIE INFORMATION

패딩턴

개봉 2015년

제작국 영국, 프랑스, 캐나다

분류 코미디, 가족, 모험

출연 벤 위쇼(패딩턴), 니콜 키드먼(밀리센트), 휴 보네빌(아빠), 샐리 호킨스(엄마) 등

연령 만 4세 이상

런닝타임 95분

겐 당연하고 익숙한 것들이 너무도 신기하고 궁금합니다. 패딩턴은 자신의 호기심을 쫓아 집안의 여러 물건을 만지고 살피며 자기 나름대로 사용해 보지만, 결과는 치명적인 사고로 이어지고 맙니다. 처음에는 브라운 씨 가족도 숲에서만 살던 패딩턴의 실수를 이해하려 하지만, 어느새 인내심의 한계에 다다릅니다. 패딩턴 역시 자신의 행동으로 벌이진 일들과 마주하면서 심한 죄책감을 느끼고 의기소침해집니다. 패딩턴의 모습을 보고 있으면 이제 갓 기저귀를 떼고 이전에 비해 자유로운 몸으로 호기심을 발산하는 3~6세의 천진난만한 아이 모습이 떠오릅니다. 이 시기 개구장이들이 자신의 호기심을 쫓아 마음껏 하고 싶은 일들을 하다 보면 어느새 집안은 엉망이 되고, 이를 지켜보는 부모님의 큰소리가 끊이지 않습니다. 하지만 이 시기 아이들은 자기 스스로 주변을 탐색하고 몸을 사용해서 마음껏 해보고 싶은 욕구가 무척이나 강합니다. 이를 좋지 않은 습관이나 예절이라고 생각해 무조건 하지 못하게 막는 것은 바람직하지 않습니다.

아이가 서너 살 무렵, 신문지로 공을 만들어 플라스틱 야구 방망이로 공을 치는 놀이를 실컷 했습니다. 처음에 저는 아이와 공을 던지고 받는 기본적인 것부터 하려고 했지만, 녀석은 일단 방망이로 치는 것부터 하겠다는 겁니다. 한참 실랑이를 벌이다 결국 방망이로 공치기를 하는데, 아이 마음이야 잘 치고 싶겠지만 연신 헛스윙이 계속됐습니다. 저는 처음엔 오버핸드(Overhand)로 공을 던지다가 금세 언더스로(Under throw)로 던지는 방법을 바꿨고, 거리를 좁혀 최대한 살살 던지자 그제서야 한두 개씩 공을 맞추기 시작했습니다. 추가로 '하나 둘 셋' 박자를 넣은 후 공을 던지니 좀 더 잘 맞히더군요. 그리고 제가 없을 때 아이 혼자 공을 칠 수 있는 방법을 고민하다가 신문지공을 끈으로 연결해 천장에 매달아 놓았더니, 아이는 어린이집에서 돌아와 혼자서 실컷 공을 두들겼습니다. 그렇게 며칠 동안 방망이로 신나게 공을 치고 나니, 아이는 그제서야 공던지기도 하고 싶다는 겁니다. 그런 아이를 보며 아이와 함께 무언가를 할 때 어른인 내 생각만 고집할 것이 아니라, 때로는 아이 의견을 융통성 있게 수용하고 다양한 방법으로 접근하는 것도 필요하다는 생각이 들었습니다.

──── TIP 아이 입장에서 생각해 보는 주도성 ────

에릭슨은 만 3~6세 아이들의 주요한 과업으로 주도성을 꼽습니다. 자녀의 주도성이 잘 발달되도록 돕는 것이 아빠의 역할인데, 때론 적극적인 아이를 '고집을 피운다'고 생각해 심하게 제지하기도 합니다. 에릭슨은 주도성이 제대로 발달하지 못할 때, 아이들은 죄책감을 느낄 수 있다고 지적합니다.

이 시기 자녀와 함께 지내면서 주도성을 키울 수 있는 두 가지 방법을 소개하려고 합니다. 첫 번째는 자녀를 바라보는 올바른 시각입니다. 아이의 행동을 어른의 입장에서 부정적으로 바라보거나 버릇이 없다고 생각해서는 안됩니다. 이맘때 아이들은 발달 과정상 자연스런 욕구와 호기심을 표출하는 경우가 많은데, 이를 긍정적인 시선으로 바라보는 것이 필요합니다. 위의 야구 놀이에서 아이는 던지는 것보다 공을 치는 것을 무척이나 하고 싶어합니다. 어디서 공 치는 것을 보았는지는 알 수 없지만, 자신도 멋지게 공을 치고 싶은 마음이 있었나 봅니다. 던지고 받는 것이 우선이라는 아빠의 생각도 있겠지만, 공을 먼저 친다고 해서 굳이 위험하거나 하지 않아야 할 이유가 없다면, 아이의 생각을 긍정적으로 받아주면 됩니다. 두 번째는 소소하지만 작은 스킬과 배려가 필요합니다. 아이와 야구 놀이를 하는 과정에서 저는 언더스로로, 거리 좁혀 살살 던지기, 박자 맞추기 그리고 천장에 공 매달기 등 아이가 좀 더 공을 잘 칠 수 있는 작은 배려를 했습니다. 아직 야구 놀이를 하기엔 조금 어린 나이기에 굳이 원칙대로 야구 놀이를 할 필요가 없으며, 아이의 발달 수준에 맞춰 재미있게 놀고 격려하며 관계를 쌓아가는 과정이 더 중요합니다.

하루하루 쌓이는
근면성

〈최후의 툰드라〉

이 영화는 시베리아 북서쪽 야말반도의 툰드라 지역 사람들의 생생한 삶을 보여줍니다. '야말'이란 말은 러시아 네네츠 지역 말로 '세상의 끝'이란 뜻이며, 툰드라는 북위 60도 이상 북극해 연안 동토 지대를 의미합니다. 이곳은 겨울동안 영하 60도가 넘는 매서운 추위가 계속되고, 연중 9개월 이상 눈과 얼음으로 대지가 덮여 있습니다. 사람들은 주로 순록을 유목하며 살아가고, 순록은 이들의 삶과 밀접한 관계가 있습니다. 이들은 순록 고기를 주식으로 하며, 채소와 과일을 구하기 어려운 여건상 비타민과 칼슘 같은 영양소는 신선한 순록의 피로 섭취합니다. 순록의 털은 사람들이 입는 든든한 옷의 재료가 되고, 100여 마리의 순록 가죽을 엮어 이동식 텐트인 '춤'도 만들 수 있습니다. 춤은 극한의 툰드라 기후에서 최소한의 나무 연료를 이용해 영상 10도 수준의 기온을 유지할 수 있습니다. 외부인에게 툰드라는 춥고 척박한 땅이지만, 이곳 아이들에게 툰드라는 흥미진진한 놀이터이자 삶의 기술을 익히는 배움터입니다. 이곳에서 일곱 살은 마냥 어린 나이가 아니며, 혼자서 순록 썰매도 끌 수 있는 나이입니다. 일곱 살 꼴랴는 끈덕지게 올무를 던져 결국 순록을 잡고, 썰매에 순록을 묶어 개선장군처럼 몰고 다닙니다. 과연 툰드라 아이들은 어떤 방식으로 살아가고, 또한 툰드라와 전혀 다른 도시의 삶에 대해서 어떤 생각을 갖고 있을까요?

여섯 살 그리샤는 형 꼴랴를 따라 커다란 물고기 여러 마리를 집까지 운반하려 하지만, 결국 포기하고 맙니다. 반면 그리샤보다 한 살 많은 일

MOVIE INFORMATION

최후의 툰드라

개봉 2011년

제작국 한국

분류 다큐멘터리

출연 고현정(내레이션), 꼴랴(7살 남자아이), 그리샤(6살 남자아이) 등

연령 초등학생 이상

런닝타임 101분

곱 살 꼴랴는 물고기를 운반하기 위해 나무 막대기에 끼워 보고, 막대기가 부러지자 이번에는 비닐 자루를 구해 물고기를 집어넣고 질질 끌어 기어코 집까지 가져갑니다. 저녁이 돼서 자신이 힘겹게 가져온 물고기를 맛있게 먹는 가족들을 바라보는 의기양양한 꼴랴의 모습이 참으로 대견합니다. 그런데 더 대단하게 느낀 점은 꼴랴 엄마의 생각입니다. 그녀는 "우리가 어른이라고, 어린 아이들에게 이래라저래라 지시를 하지 않아요. 아이들을 한 인간으로서 존중해 줘요. 어른과 같은 하나의 인격체로 말이죠."라고 말합니다. 꼴랴의 엄마는 초등학교 2학년이 된 아들을 독립된 인격체로 인정하고, 아이가 힘들어할 때도 있지만 스스로 결정하고 행동에 옮기는 것을 묵묵히 지켜봐 줍니다. 이런 엄마와 아빠의 든든한 보살핌 속에서 아이들은 삶의 기술과 지식을 조금씩 익혀 갑니다.

제 아이는 레고 조립하기를 무척 좋아해서, 아이가 초등학생 때 생일이나 특별한 날이면 단골 메뉴로 레고를 선물하곤 했습니다. 선물을 받은 아이는 자리에 앉기가 무섭게 포장을 뜯어 맞추기 시작하고, 밥 먹는 것도 잊고 집중하기 일쑤였습니다. 그리고 밤에는 엄마의 성화에 못 이겨 잠을 청하지만, 아침이면 어느새 일어나 시간 가는 줄 모르고 레고 만들기에 집중하곤 했습니다. 아이가 이렇게 스스로 집중하고 흥미를 느낄 때 시간이 없다는 이유로 중단하기 보다는, 가능한 끝까지 하고 싶은 일을 할 수 있도록 하는 것도 괜찮습니다. 그렇게 집중력을 갖고 활동하면서 아이는 조금씩 성장하고 삶의 지식과 기술을 익혀갑니다. 때론 자신이 도전하는 일이 잘 되지 않고 실패할 때도 있지만, 세상에 어디 한 번에 되는 일이 있겠습니까? 충분한 시간 동안 성실하게 노력하는 기회를 가질 때, 성공의 기쁨 때로는 실패의 아쉬움도 의미가 있는 것입니다. 꼴랴의 엄마처럼 자녀를 존중하는 가운데 생활 속에서 아이의 근면성을 키워주는 장기적인 안목이 필요합니다.

──── TIP 삶의 기초를 만드는 근면성 ────

에릭슨은 만 6~11세 아이들의 주요 과업으로 근면성을 제시합니다. 그는 가족 중심의 사회적 관계가 친구와 학교로 확대되고, 다양한 지식과 기술을 배우는 가운데 근면성과 자아가 성장한다고 했습니다. 이 시기 자녀를 양육하는 아빠는 아이가 다양한 도전을 할 수 있는 기회를 제공하고, 성공과 실패를 경험하면서 좌절하지 않도록 격려하고 성실하게 생활하도록 해야 합니다.

영유아기는 놀이가 아이들 발달과 밀접하게 연결되어 있어서, 이 시기에 놀이는 무척 중요합니다. 이제 자녀가 초등 학령기에 들어서면 놀이의 중요성은 여전하지만, 학교에 적응하고 조금씩 사회적 관계를 넓히면서 점차 다양한 지식과 기술을 배웁니다. 영화 속 여섯 살 동생 그리샤도 주도성을 바탕으로 무언가 의미 있는 일을 하고 싶어 하지만, 아직 체력이 부족하고 끝까지 하고자 하는 근면성 그리고 일을 요령 있게 하는 기술도 부족해 보입니다. 반면 꼴랴는 스스로 물고기를 옮겨 보고 싶은 욕심이 있고, 자신이 알고 있는 지식과 기술을 총동원해 끝까지 일을 마치려는 오기도 보입니다. 이러한 근면성은 결코 하루 아침에 생기는 것이 아닙니다. 자녀가 앞으로 자신이 삶을 살아가기 위한 기술과 지식을 습득하는데 근면성은 중요한 기초가 되며, 특히 초등학생 시기는 이런 근면한 습관이 매우 중요합니다.

초등 학령기
아빠의 역할

〈로빈슨 가족〉

루이스는 갓난아이 때부터 고아원에서 성장하지만, 새로운 것을 만들기 좋아해 밤낮으로 발명품 개발에 여념이 없습니다. 한편 루이스의 룸메이트 구브는 야구를 좋아하지만, 밤마다 무언가를 만들어 대는 루이스때문에 늘 피곤합니다. 고아원 원장님은 똑똑하고 호기심 많은 루이스를 좋은 가정에 입양시키려 노력하지만, 이제 10살이 훌쩍 넘은 루이스는 쉽게 사람들로부터 선택을 받지 못합니다. 여러 차례 예비 부모들로부터 거절 당한 루이스는 이제 입양되는 것을 포기하고, 자신이 직접 기억재생장치를 만들어 엄마를 찾으려 합니다. 드디어 루이스가 기억재생장치를 만들게 되고, 이 발명품을 출품하기 위해 과학박람회에 갔다가 윌버라는 이상한 아이를 만나게 됩니다. 윌버는 조만간 모자 쓴 키다리 악당을 만나게 될 테니 조심하라는 주의를 주고 사라지지만, 결국 키다리 악당이 나타나 루이스의 발명품을 망가뜨립니다. 게다가 박람회장에 화재가 발생해 정신없이 혼란한 상황을 틈타, 키다리 악당은 루이스의 기억재생장치를 훔쳐 유유히 사라집니다. 낙심한 루이스는 화를 참지 못하고 기억재생장치 구상이 담긴 설계도를 찢으려는 순간, 어디선가 윌버가 루이스 앞에 다시 나타납니다. 과연 바람처럼 나타난 윌버는 누구일까요? 그리고 루이스가 발명한 기억재생장치를 망가뜨리고 가져간 악당은 도대체 왜 이런 비겁한 짓을 꾸민 걸까요?

 아빠 생각

루이스는 초등학생 시절 과학에 대한 관심이 많습니다. 여러 가지 이유가 있겠지만 자신을 고아원에 맡긴 엄마를 찾고 싶다는 동기가 한 몫 합

 MOVIE INFORMATION

로빈슨 가족

개봉 2007년

제작국 미국

분류 애니메이션, 모험, 가족

출연 안젤라 바셋(고아원 원장) 등

연령 만 4세 이상

런닝타임 101분

니다. 반면 루이스의 친구 구브는 야구를 좋아해 운동선수가 되길 원합니다. 두 아이 모두 고아이고 같은 고아원에서 생활하지만 분명 둘 사이에 차이가 존재하는데, 그것은 근면성과 주변의 지지입니다. 루이스는 초등 학령기를 거치며 자신이 좋아하는 발명을 꾸준히 하고, 비록 당장 입양이 되지는 않지만 주변에서 루이스를 격려하고 애정을 표현하는 사람들을 만나게 됩니다. 반면 구브는 루이스와 자신을 비교하면서 피해자라는 열등감을 느끼고, 본인이 좋아하는 야구에 집중하지 못하고 성실함도 놓치고 맙니다. 더욱 안타까운 것은 어린 구브가 힘들어할 때 주변에서 격려하고 지지해주는 사람을 만나지 못했다는 점입니다.

중학생인 제 아이는 요리사에서 회사원, 공무원을 넘어 지금은 선생님으로 꿈이 변했습니다. 유아기에는 맛있는 것을 많이 먹고 싶다며 요리사가 되고 싶어 했고, 초등학생이 되었을 땐 아빠처럼 회사원이 되고 싶다고 했습니다. 시간이 흘러 안정적인 공무원이 되고 싶어 했고, 요즘은 선생님이란 직업이 적성이 맞을 것 같다고 합니다. 하지만 저희 아이의 꿈은 여전히 진행중이며, 앞으로도 또 변할 수 있다고 생각합니다. 문제는 아빠로서 자녀에게 꾸준히 관심을 갖는 것이 중요합니다. 만약 구브의 주위에 그의 재능에 관심을 갖고 때로는 위축된 마음을 위로하고 아껴줄 수 있는 사람이 있었다면, 야구 선수로 성공 여부를 떠나 그의 삶 자체가 크게 바뀌지 않았을까요? 그런 운명적인 역할을 할 수 있는 사람이 바로 자녀 곁에 있는 아빠라고 생각합니다.

TIP 아빠의 근면성?

영유아기 자녀가 있는 많은 가정에서는 아빠와 엄마가 함께 돌봄과 교육 그리고 가사를 나누며 공동육아를 위해 노력합니다. 하지만 아이가 초등학교에 들어갈 무렵이 되면 슬슬 부모 역할에 변화가 시작됩니다. 엄마는 자녀가 한글을 익힐 즈음이 되면 또래 아이들과 비교를 시작하고, 교육에 대한 고민과 더불어 직접 사교육 시장에 뛰어들게 되면서 아빠로부터 자녀 교육의 주도권을 가져갑니다. 반면 이 시기 30대 후반~40대 초반의 아빠들은 직장에서 역할이 커지고 사회적 관계가 늘어나면서 체력의 부담과 함께 시간적인 한계도 느끼던 차에, 급격히 엄마에게 교육의 주도권이 넘어가면서 슬쩍 양육에서 손을 떼는 경우가 있습니다. 물론 아빠는 어린 자녀가 빡빡한 스케줄로 공부하는 것이 안타깝고 아이와 더 많이 놀고도 싶지만, 이제부터는 공부해야 할 때라는 엄마의 말에 더 이상 말을 덧붙이지 못합니다.

하지만 자녀의 초등학생 시기에 아빠의 관심이 부족하면 치명적인 결과를 낳을 수 있습니다. 초등학생 시기는 다양한 경험을 통해 자신의 재능이 무엇인지 찾고 이를 성장시키도록 노력하며, 학교, 선생님, 친구 등으로 관계가 넓어지면서 긍정적인 사회성을 키우며 좋은 인성과 습관을 만들어가는 때입니다. 하지만 이는 결코 아이 혼자서 할 수 없으며 하루아침에 뚝딱 만들어질 수 없기에, 아빠의 꾸준한 관심과 지속적인 보살핌이 필요합니다. 지금 당장 편하다고 아빠가 모든 책임을 엄마에게 슬쩍 넘기고 자녀에게 소홀하면, 아이는 긍정적인 자아상을 갖기 어렵습니다. 이러한 불완전한 과정을 겪으며 청소년이 되면 아이들은 정체성 혼란을 느낄 수 있으며, 어느새 경제적인 역할에 한정된 아빠는 자녀에게 긍정적인 영향력을 미칠 수 없습니다. 에릭슨은 자녀의 초등 학령기 과업으로 근면성을 강조하는데, 이 시기 자녀를 키우는 아빠 역시 유아기 자녀에게 가졌던 관심을 꾸준하게 초등 학령기 그리고 그 이후로도 이어가는 성실한 자세가 필요합니다.

정체성을
키워주는 아빠
〈센과 치히로의 행방불명〉

시골로 이사를 가게 된 여자아이 치히로는 차를 타고 가다가 폐허가 된 놀이동산을 지나치게 되고, 잠시 구경하러 간 아빠와 엄마는 그곳 식당에 놓인 이상한 음식을 먹고 돼지로 변합니다. 아빠와 엄마를 찾으러 간 치히로는 그곳은 살아있는 사람이 들어갈 수 없고, 오직 신(神)만이 드나들 수 있는 곳임을 알게 됩니다. 정신이 버쩍 든 치히로는 아빠와 엄마를 데리고 놀이동산을 탈출하려 하지만, 돼지로 변한 부모님을 도저히 찾을 수 없습니다. 치히로가 어찌할 바를 몰라 허둥대고 있을 즈음 하쿠라는 아이를 만나 도움을 받게 되고, 치히로는 그곳에서 자신의 이름을 버리고 센이라는 이름으로 살아가게 됩니다. 하쿠는 그녀에게 자신의 원래 이름을 잊어버리면 인간 세상으로 돌아갈 수 없게 된다며 꼭 기억할 것을 당부하지만, 어느새 센은 자신의 원래 이름인 치히로를 잊어버리고 맙니다. 과

연 센은 자신의 본명인 치히로라는 이름을 기억해 내고 아빠, 엄마와 함께 다시 인간 세상으로 돌아갈 수 있을까요?

아빠 생각

아이가 다섯 살 때 이 영화를 처음 봤는데, 영화 처음부터 깔리는 음산한 분위기와 계속적으로 등장하는 귀신들 모습에 아이가 기겁을 하며 울기 시작했습니다. 그리 무섭지 않고 아빠가 옆에 있으니 괜찮다며 아이를 달래 보지만, 결국 함께 영화보기에 실패했습니다. 이후에도 수 차례 영화를 보려 했지만 아이는 예전의 좋지 않은 기억이 있어서인지 완강히 거부했고, 초등학교 2학년이 되어서야 결국 무서움을 극복하고 영화를 볼 수 있었습니다. 지금은 영화 주제곡인 '언제까지나 몇 번이라도(Always

---

MOVIE INFORMATION

센과 치히로의 행방불명

개봉 2002년, 2015년 재개봉

제작국 일본

분류 애니메이션, 모험, 가족

출연 히이라기 루미(센/치히로), 이리노 미유(하쿠) 등

연령 초등학생 이상

런닝타임 126분

With Me)'는 아이와 제가 자주 흥얼거리는 애창곡이 되었습니다. 영화 속 치히로의 아빠와 엄마는 비록 어른이지만 맛있는 음식을 보고 절제하지 못해, 어느새 자신의 존재를 잊고 돼지로 변하고 맙니다. 이런 광경을 지켜본 하쿠는 "이름을 빼앗기면 돌아가는 길도 모르게 돼."라며 치히로에게 주의를 줍니다. 이름 속에 자신의 정체성이 있으니, 그 정체성을 절대로 잃지 말라는 것입니다.

어떤 부모님은 자녀의 이름을 짓기 위해 한자를 많이 아는 어르신께 부탁을 드리고, 어떤 이는 작명소에 거금을 들이기도 합니다. 저도 아이가 태어나는 날이 가까워 오자, 오랜 시간 고민을 하고 아내와 상의도 한 후 어렵게 아이 이름을 지었습니다. 그런데 그렇게 정성 들여 지은 이름을 제대로 부르지 않는다고, 아들로부터 주의를 들은 적이 있습니다. 제 아이의 이름은 외자로 '김신'인데, 초등학교 3학년 때 아이가 "아빠, 요즘 왜 저에게 '신아'라고 부르지 않고 '김신'이라고 하세요?"라고 묻는 것이었습니다. 저는 둘 다 이름을 부르는 건데 무슨 차이가 있는지 되물었습니다. 아이는 평소 제가 '신아~'라고 부르면 친근감이 있고 부드럽게 느껴지는데, '김신↗'하고 잘라 부르면 혼내는 것 같고 딱딱한 느낌이 든다는 것이었습니다. 당시 저는 특별한 의도가 있었던 것은 아니지만 회사일로 여유가 없던 차에 별생각 없이 그렇게 불렀던 건데, 아이는 자신의 이름을 부르는 작은 차이 속에서 아빠의 기분과 감정을 고민했나 봅니다. 사실 아이가 그 정도로 민감하게 받아들일지 생각하지 못했는데, 아빠가 자녀의 이름을 부르는 한마디 그리고 행동 하나하나가 아이에게 큰 영향을 미칠 수 있다는 것을 새삼 느낄 수 있었습니다.

── TIP 따뜻한 포옹 속에서 찾아가는 정체성 ──

에릭슨은 청소년기 과업으로 정체성을 이야기합니다. 정체성은 유아기의 주도성과 초등 학령기의 근면성을 바탕으로 청소년기를 거치며 더욱 자리를 잡아갑니다. 이 시기 아이들은 사춘기를 시작으로 신체적, 정신적으로 급격한 변화가 생기고, 학업에 대한 부담과 진로에 대한 고민도 깊어집니다. 오랫동안 고민이 이어지면 자녀는 스스로에 대한 믿음이 흔들리고 자신의 정체성에 대한 의문을 갖기도 합니다.

비록 이 시기에 자녀가 고민하는 것을 아빠가 모두 해결해 줄 수는 없지만, 자녀의 마음을 헤아리고 따뜻하게 지켜봐 주며 격려하는 것이 무척 중요합니다. 평상시 아이와 소소한 대화를 스스럼없이 나누고, 부모나 자녀가 집을 나가고 들어올 때면 자녀의 이름을 부드럽게 부르고 포옹하면서, 아빠의 흔들리지 않는 사랑을 표현하는 것이 필요합니다. 간혹 아빠들 중 딸이 사춘기를 지났다고 안아주지 못하는 경우도 있는데 이는 바람직하지 않습니다. 딸이 사춘기 지나 대학에 들어가고 결혼을 해서 아기를 낳더라도, 분명 사랑하는 내 딸이기에 아빠로서 자녀를 안아주는 것에 부담을 느낄 필요가 없습니다. 든든한 아빠가 내 뒤에 있고 언제나 어려울 때면 돌아가서 위안을 받을 수 있다는 안정감을 갖게 되면, 자녀는 흔들렸던 정체성을 바로잡고 어려움도 이겨낼 수 있는 용기를 얻게 됩니다.

단, 이러한 관계는 유아기와 아동기를 거치며 부모와 자녀간 긍정적인 관계를 맺고 있을 때 가능합니다. 저는 중학생 아들과 여전히 포옹하고 뽀뽀도 하면서 서로의 애정을 확인합니다. 그런 표현이 아이에게 긍정적인 영향을 미치는 것은 물론, 저 자신에게도 아이의 사랑을 확인하고 아빠로서 정체성을 느끼게 하는 좋은 계기가 됩니다.

아빠의 태도와
친밀감

〈라푼젤〉

옛날 한 왕국에 다치거나 아픈 사람을 낫게 한다는 황금꽃의 전설이 전해져 내려오는데, 가까스로 이 꽃을 찾아낸 노파 고델은 자신의 젊음을 유지하기 위해 황금꽃을 숨겨두고 사용합니다. 한편 왕국의 백성들은 임신한 왕비의 건강이 무척 위험하다는 소식을 접하고, 왕비를 위해 전설의 황금꽃을 찾아 나섰다가 결국 고델이 숨겨둔 꽃을 찾게 됩니다. 백성들의 도움으로 건강을 회복한 왕비는 예쁜 금발 머리를 가진 라푼첼 공주를 낳게 되고, 왕국의 백성들은 왕비의 건강과 예쁜 공주를 위해 하늘 높이 멋진 풍등을 날립니다. 하지만 젊음을 잃게 된 고델은 몰래 왕궁에 침입해 라푼젤을 납치하고, 깊은 숲속 탑 꼭대기에 그녀를 가두고 자신을 엄마라고 속이며 라푼젤의 금발 머리를 이용해 젊음을 유지합니다. 어느덧 시간이 흘러 이제 라푼젤은 열여덟 살이 되어 가지만, 그녀는 자신의 과거를 알지 못하고 여전히 고델을 엄마로 믿고 따르는 그저 착한 소녀일 뿐입니다. 고델은 라푼젤에게 바깥세상은 두렵고 무서운 곳이라며 세상에 대한 불신을 끊임없이 주입하고, 라푼젤이 세상에 대해 조금만 관심을 가지려 해도 철저하게 무시하고 탑 속에 가둬 그녀를 이용합니다. 하지만 그녀가 열여덟 살이 되던 날, 플린이란 젊은 도둑이 병사들에게 쫓겨 라푼젤이 있는 탑으로 숨어들어 옵니다. 18년간 자신을 이용한 가짜 엄마에 의해 높은 탑에 갇혀 세상 물정 모르는 라푼젤에게 과연 어떤 일이 벌어질까요? 혹시 병사들을 피해 탑으로 도망친 플린이 라푼젤을 해치는 건 아닐까요?

가짜 엄마 고델은 라푼젤을 자신의 젊음을 위한 도구로 이용하고, 세상

MOVIE INFORMATION

라푼젤

개봉 2011년

제작국 미국

분류 애니메이션, 뮤지컬, 가족

출연 맨디 무어(라푼젤), 제커리 레비(플린), 도나 머피(고델) 등

연령 만 4세 이상

런닝타임 100분

에 대한 불신을 자극해 그녀가 탑을 벗어나지 못하도록 하면서 앞길이 창창한 라푼젤의 미래를 가로막습니다. 혹시 우리 아빠들도 자녀에게 세상은 믿지 못할 곳이며 오직 공부만 잘 하면 되고, 마치 평생 동안 자녀를 데리고 살 것처럼 과잉보호하며 독립적으로 살아갈 힘을 무력화시키고 있지 않나요? 하지만 양육의 끝은 자녀의 독립입니다. 언젠가 자녀는 부모의 품을 떠날 것이며, 사회 속에서 당당하게 자신의 역할을 담당할 것입니다.

얼마 전 명절에 가족들과 함께 식사를 하면서, 연예인들이 부대에 가서 군대 체험을 하는 프로그램을 보았습니다. 거칠고 낯선 곳에서 적응하기 위해 노력하는 연예인들의 모습이 짠하기도 하고, 때로는 엉뚱한 실수를 보며 실컷 웃기도 했습니다. 저희 아이도 사내 녀석이라 그런지 TV에 눈을 떼지 못하고, 아빠가 겪었던 군대 생활도 물어보며 적지 않은 관심을 보였습니다. 초등학교 저학년까지만 해도 군대 얘기를 들으면 자기는 절대 가지 않겠다며 핏대를 세우더니, 이제 중학생이 되니 알고 지내던 형이 군대에 가고, TV로 간접 체험도 하며 막연한 두려움은 떨친 듯합니다. 지금 아이에게 필요한 건 청소년으로서 정체성을 키우고 자신의 미래를 잘 만들어 가는 일이지만, 언젠가 아들도 병역의 의무를 담당해야 하는 때가 다가올 것이며, 그곳에서 많은 사람들을 만나 친밀감과 사회성을 발휘하며 성인으로서 또한 군인으로서 자신의 역할을 잘 해내리라 믿습니다.

TIP 충만한 삶의 기초 친밀감

에릭슨은 유아동기 과업인 주도성과 근면성을 기초로 청년기에 정체성이 확립되고, 이러한 정체성을 바탕으로 성인이 되면서 친밀함과 생산성을 발휘하게 된다고 말합니다. 특히 성인 초기는 친밀감을 강조하고 이후 본격적인 성인기는 생산성에 주목합니다. 물론 시기적인 구분을 무 자르듯 잘라 말할 수는 없겠지만, 삶을 살아가면서 친밀함과 생산성의 중요성을 자주 느끼게 됩니다. 보통 아빠들은 자녀를 양육하면서 우리 아이가 앞으로 어떤 직업을 가질 것이며, 그러기 위해선 지금 무엇을 준비해야 할 지에 초점을 맞춥니다. 즉 자녀의 생산성에 대해 우선 고려한다고 볼 수 있습니다. 하지만 에릭슨은 한 인간으로 잘 살아가기 위해서는 생산성이라는 과업에 앞서 친밀감을 갖고 세상을 살아가는 것이 우선이라고 규정합니다.

학창 시절을 겪고 직장에 다니며 가정을 꾸려 살아가면서, 친밀감을 갖고 사람들과 어울려 살아가는 것이 중요하다는 것을 뼈져리게 느낍니다. 우리는 세상을 살아가면서 경제적 성과와 직업적 성취만을 위해 살아가는 것이 아니라, 주변의 사람들과 좋은 관계를 맺을 때 인생의 생산성도 높아지고 충만한 삶도 누릴 수 있다는 것을 누구보다 잘 알고 있습니다. 자녀가 세상을 살아가기 위한 친밀성을 배우는 첫 번째 사회가 바로 가정입니다. 아빠와 엄마가 화목한 가정을 키워 가고 행복의 씨앗을 자녀에게 뿌릴 때, 그런 애착을 바탕으로 우리 아이들도 다양한 사회적 관계 속에서 친밀감을 키우며 행복한 삶을 살아갈 것입니다.

우리에게 주어진 시간과 기회

〈업〉

영화 초반 약 10여분 동안 모험이라는 공통점으로 만나 소소하지만 예쁜 인생을 함께 살아가는 칼과 엘리 부부의 이야기는, 보는 이로 하여금 미소를 짓게 하지만 한편으론 애잔한 눈물을 머금게 하는 한 편의 수채화 같습니다. 열정적인 탐험가 찰스 먼츠를 동경하는 소년 칼은 탐험가가 되고 싶은 소녀 엘리를 운명적으로 만나 결국 두 사람은 결혼하게 됩니다. 부부는 모험을 하고 싶은 열정이 있었지만, 현실은 평범한 일상의 연속입니다. 작은 집을 사서 수리해 신혼살림을 꾸리고, 언덕에 올라 구름을 보며 소풍을 즐기며, 아이를 키우고 싶은 마음이 간절하지만 아기를 가질 수 없는 현실에 절망합니다. 하지만 슬픈 마음을 추수리고 언젠가 남미 어딘가 있는 파라다이스 폭포를 탐험하겠다는 목표를 세우고, 큼직한 유리병에 작은 동전이라도 꼬박꼬박 모으며 모험의 꿈을 키워갑니다. 하지만 일상의 삶이 결코 만만치 않기에 예상치 못한 일들을 겪게 되면, 어쩔 수 없이 여행 자금으로 모은 유리병을 깨뜨릴 수밖에 없습니다. 과연 칼과 엘리는 평범한 일상을 뛰어 넘어, 그토록 가고 싶은 남미의 파라다이스 폭포를 탐험할 수 있을까요?

아빠 생각

칼과 엘리 부부는 어린 시절 소원인 오지 탐험을 꿈꾸지만, 반복되는 소소한 일상을 살아가다 보니 어느새 하얀 머리의 노부부가 되고 말았습니다. 하루하루 주어진 삶을 성실하게 살아가는 것도 참 귀한 일이지만, 우리 주변의 일상을 벗어나기 위해 노력하고 도전하는 것도 결코 쉽지 않다는 생각이 듭니다.

MOVIE INFORMATION

업
개봉 2009년
제작국 미국
분류 애니메이션, 가족, 모험
출연 애드워드 애스너(칼), 조던 나가이(러셀), 크리스토퍼 플러머(찰스 먼츠) 등
연령 만 4세 이상
런닝타임 101분

얼마 전 한 단체에서 진행하는 아버지교육을 받으러 갔는데, 참여하신 분 중 팔십이 넘으신 한 어르신이 계셨습니다. 아내와 장성한 두 자녀가 있다는 이분은 자신이 아직까지 가정불화의 원인이었고, 이번 교육 참석을 통해 좋은 아버지가 되고 싶다는 생각을 담담히 말씀하셨습니다. 사실 자신보다 한참이나 젊은 사람들 앞에서 본인의 약한 모습을 드러내고 또한 피교육자 위치에 서기가 쉽지 않다는 것을 잘 알기에, 교육에 참석한 아빠들은 그 어르신께 큰 박수와 격려를 보냈습니다. 저도 언젠가 그 어르신과 비슷한 나이가 될 것입니다. 지금은 제가 40대이고 아이는 10대여서 아직은 아들이 어려 보이지만, 조만간 제가 60대가 되면 아이는 30대가 될 것입니다. 그리고 어느새 제가 80대가 되면 아들은 50대가 되겠죠. 과연 그때가 되면 장성한 제 아이는 저를 어떻게 생각할까요?

그리스 신화에 시간과 기회를 관장하는 카이로스라는 신(神)이 있는데, 그의 앞머리는 숱이 많아서 사람들이 카이로스를 앞에서 마주치면 그의 풍성한 앞머리를 쉽게 잡을 수 있다고 합니다. 하지만 카이로스는 뒷머리가 없어서 한 번 우리를 지나치면 아무리 잡으려 해도 잡을 수 없고, 어깨는 물론 발뒤꿈치에도 작은 날개가 있어서 더 빨리 날아가 버린다고 합니다. 그의 외모에 대한 설명으로도 카이로스가 왜 시간과 기회의 신인지 알 수 있을 듯합니다. 우리는 아직 카이로스의 앞머리를 잡을 수 있는 기회가 충분합니다. 80대가 되었을 때도 자녀와 친구처럼 지내며, 지혜로운 아버지이길 기대해 봅니다.

TIP 삶을 완성해 가는 생산성과 자아 통합

에릭슨은 인생의 단계를 8개로 나누고 시기별로 주요한 과업으로 '① 신뢰감 ②자율성 ③주도성 ④근면성 ⑤정체성 ⑥친근감 ⑦생산성 그리고 ⑧노년기의 자아 통합'을 강조합니다. 그가 주장한 노년기 과업인 자아통합은 결코 노년기만 잘 산다고 이룰 수 있는 것이 아닙니다. 앞선 과업들을 성취하기 위해 끊임없이 노력하고, 노년기에도 자신을 성찰하며 살아갈 때 비로소 얻을 수 있는 귀한 인생의 열매입니다. 에릭슨은 인생 말년에 자아 통합이 이뤄지지 않으면 절망감을 느끼게 된다고 말합니다.

반면 현재 자녀를 키우는 아빠들은 성인기의 생산성이라는 과업을 성취하기 위해 열심히 살고 있을 겁니다. 그렇다면 생산성이란 무엇일까요? 경제적인 능력, 배우자와 행복한 삶, 자녀를 잘 키우고 독립시키는 일, 가치 있고 명예로운 일을 하는 것, 인류와 후세에 대한 기여 같은 것들이 떠오릅니다. 반면 단순히 돈이 많거나 지위와 높다고 해서 생산성이 높은 삶이라고 할 수 없으며, 이러한 욕망만을 추구하다가 성인기와 노년기에 인생을 그르치는 경우도 볼 수 있습니다. 또한 어떤 아빠들은 자녀가 공부만 잘 하고, 좋은 대학에 가서 괜찮은 직장을 얻어 돈 잘 벌고 출세하는 것을 목표로 경쟁적인 학습만 강조하기도 합니다. 하지만 교육은 신체적, 지적, 정서적, 사회적인 발달이 균형을 이룬 전인 교육을 목표로 합니다. 바로 이러한 목표를 위해 노력할 때 에릭슨이 강조하는 노년기의 자아 통합이 이루어지지 않을까요?

지금 아빠들은 인생의 성인기라는 길고 먼 길의 초입에 있으며, 삶의 진정한 생산성을 성취하기 위한 충분한 시간과 기회가 있습니다. 또한 우리 아이들 역시 인생의 초반부를 살고 있기에 앞으로 다양한 경험과 기회를 가질 여지가 충분합니다. 그래서 먼저 아빠는 자신의 삶을 성찰하고 때로는 일상을 뛰어넘어 인생의 목표를 재정비할 필요가 있습니다. 그러한 아빠의 결단은 본인 뿐 아니라 가정과 자녀의 삶에도 중요한 영향을 미치게 될 것입니다. 아빠는 여전히 카이로스의 앞머리를 잡을 수 있는 시간과 기회가 넉넉하고, 삶의 진정한 생산성과 자아 통합이라는 큰 선물을 얻을 수 있습니다. 바로 지금이 일상을 떨치고 변화하고 도전할 수 있는 가장 중요한 때입니다.

Chapter 3
뇌 발달과 자녀 이해하기

Chapter 3 뇌 발달과 자녀 이해하기

아들이 태어난지 얼마 지나지 않았을 무렵 아이를 안아 주다 갑자기 숨이 넘어갈 듯 울어 대면, 나름 이런저런 방법으로 달래다가 결국 아내에게 맡기곤 했습니다. 아이가 어린이집에 다닐 땐 놀아 달라고 보채는 아이 손에 이끌려 어쩔 수 없이 대충 놀아 주다가, 재미있게 놀아 주지 않는다며 집안이 떠나갈 듯 우는 아이를 달래느라 더 고생하기도 했습니다. 초등학교 고학년 때는 사소한 일에 아이가 뭐 그리 목숨을 거는지, 인상을 찡그리며 불만을 표시하는 것을 참아 내느라 힘들었습니다. 자녀를 키우다 보면 평상시는 하늘에서 내려온 예쁜 천사처럼 느껴지지만, 가끔은 이해하기 어려운 행동을 보며 당황스러울 때가 있습니다. 아빠로서 자녀의 행동을 넓은 아량으로 받아 줘야 한다고 생각하지만, 정작 눈 앞에서 그런 일들이 생기면 어디까지 수용해야 할지 몰라 난감하기도 합니다.

예전에는 원인을 알지 못해 혼란스럽거나 참고 넘어갔던 부분이, 시간이 흘러 과학 기술이 발전하고 학문적 연구가 쌓이면서 합리적으로 이해가 되는 일들이 적지 않습니다. 그런 분야 중 하나가 바로 아이들의 뇌 발달에 관한 분야가 아닐까 생각합니다. 아이를 키우며 뭔가 답답하고 막히는 부분이 있었는데, 아이들의 뇌 발달을 공부하고 양육서를 뒤적이다 보면, '아이들은 원래 그렇구나~'라는 해답을 얻게 됩니다. 진작 알았으면 굳이 아이와 실랑이를 벌이지 않았을 걸 하는 아쉬움도 듭니다. 자녀를 키우는 아빠로서 아이의 성장에 따른 뇌 발달을 알아보고 먼저 자녀를 이해하려고 노력하면, 좀 더 수월한 육아가 될 수 있습니다. 시중에는 이미 좋은 양육서와 다양한 정보가 넘쳐나서, 부담을 갖기보다는 쉽게 접근할 수 있는 자료를 찾아 조금씩 소화하면 됩니다. 지금처럼 이 책을 읽으며 적용할 수 있는 소소한 부분을 찾아 삶에 적용해 보는 것도, 자녀 양육에 한 걸음 더 다가서는 좋은 시작이 될 것입니다.

사실 아이들과 관련된 일을 하는 저 자신도 자녀를 잘 키운다는 것이 말처럼 쉽지만은 않습니다. 하지만 아이와 불편했던 점이 있었다면 반성하고 공부도 하며 또한 배운 점을 실천해 보면서, 아이와 함께 살아가는 하루하루가 꽤나 재미있고 행복합니다. 이런 것이 삶에 있어서 진짜 공부이고, 그렇게 아버지가 되어가는 것이 아닐까 생각해 봅니다.

행복한 기억과
뇌 구조

〈아나스타샤〉

　여덟 살 막내 공주 아나스타샤는 러시아 황궁에서 가족들과 함께 행복한 삶을 살고 있습니다. 그녀를 특별히 사랑한 할머니는 아나스타샤에게 뮤직박스와 열쇠를 선물하고, 언젠가 파리에서 다시 만날 것을 약속합니다. 멋진 파티가 열리던 날 마법사 라스푸틴이 찾아와 황실에 저주를 퍼붓고, 이후 러시아는 혁명의 회오리에 휘말립니다. 그녀는 할머니와 함께 라스푸틴의 끈질긴 추격을 따돌리고 파리행 기차에 타려 하지만, 할머니만 겨우 기차에 타게 되고 어린 아나스타샤는 러시아에 남겨집니다. 10년의 세월이 흘러 그녀는 혁명 당시 겨우 목숨은 구했지만 '아냐'라는 이름으로 고아원에서 자랐고, 자신이 러시아 황실의 공주였다는 기억을 까맣게 잊은 채 살아왔습니다. 이제 성인이 된 아냐는 고아원을 나와 스스로 생계를 위해 일자리를 얻을 것인지, 아니면 자신이 간직하고 있는 열쇠에 새겨진 '파리에서 만나자'라는 글귀를 믿고 파리로 갈 것인지를 고민하다 결국 파리행을 결정합니다. 하지만 혁명 후 파리로 가는 열차표는 아무나 끊을 수 없기에, 아냐는 통행증을 만들 수 있다는 청년 디미트리를 만나 함께 파리로 향합니다. 하지만 디미트리의 정체는 10년 전 사라진 러시아의 막내 공주 아나스탸샤와 비슷한 외모의 여자를 찾아, 파리에 있는 황태후에게 소개한 후 이득을 취하려는 사기꾼입니다. 과연 아나스타샤는 사기꾼 디미트리 일당과 함께 무사히 파리까지 가서 할머니를 만날 수 있을까요? 그리고 어린 시절을 전혀 기억하지 못하는 그녀가 할머니를 만나 자신이 러시아 황실의 막내 공주라는 것을 증명할 수 있을까요?

MOVIE INFORMATION

아나스타샤

개봉 1997년

제작국 미국

분류 애니메이션, 판타지, 모험

출연 맥 라이언(아나스탸샤), 존 쿠삭(디미트리), 크리스토퍼 로이드(라스푸틴) 등

연령 초등학생 이상

런닝타임 94분

영화 속에서 아나스타샤는 여덟 살 이전의 일을 거의 기억하지 못하지만, 익숙한 음악의 선율을 통해서 행복했던 어린 시절의 느낌을 어렴풋하게 떠올립니다. 정확히 무언지는 기억하기 어렵지만 자신의 몸속에 있는 행복한 기억이 자연스럽게 흘러나오는 것 같습니다. 혹시 이 책을 읽고 계신 아빠가 기억할 수 있는 가장 오래된 추억은 몇 살 때인가요? 저는 초등학교 이후의 일은 거의 기억하지만, 그전의 일은 중요한 것만 몇 가지 기억하고 나머지는 가물가물합니다. 저희 아이도 서너 살 이후부터 저와 함께 가깝고 먼 곳으로 자주 여행을 다녔지만, 지금 그런 기억이 있느냐고 물어보면 잘 모르겠다며 애매한 표정을 짓곤 합니다.

많은 아빠들이 주말마다 아이를 데리고 어딘가 나가야 한다는 묘한 강박과 의무감을 가진 경우가 있습니다. 하지만 시간적 제약과 체력의 한계 그리고 경제적인 부담을 상당히 느끼기도 합니다. 어떤 아빠는 영유아기 자녀의 다양한 경험을 위해 외국에 자주 다니는 것이 좋겠다고 말하기도 합니다. 하지만 특별히 영유아기 아이들은 여행 등을 할 때 체력적인 부분과 건강을 세심하게 고려해야 합니다. 다양한 경험을 위해 외출이나 여행을 갔다가, 아이들은 물론 어른들도 힘들고 피곤해서 제대로 즐기지 못하는 경우가 적지 않습니다. 어디에 가는 것이 중요한 것이 아니라 어떻게 시간을 보내느냐가 중요합니다. 예를 들어 자녀와 편의점에 가서 아이스크림 하나 먹으며 두런두런 이야기를 나누고, 집 앞 놀이터에서 자전거를 타고 신나게 노는 것이 자녀의 가슴속에 더 행복한 기억으로 남을 수 있습니다. 비록 시간이 흘러서 자녀가 구체적인 일은 기억하지 못할 수 있지만, 자녀와 소통하며 즐거운 시간을 보냈다면 아이의 몸속 어딘가 아빠와 함께한 행복한 기억이 차곡차곡 쌓여 있을 것입니다. 아나스타샤처럼 말이죠.

─── TIP 포유류뇌(감정)와 인간뇌(이성) ───

아동 심리치료사인 마고 선더랜드(Margot Sunderland)는 아이들의 성장에 따른 뇌 발달을 과학적으로 분석하며, 인간의 뇌를 파충류뇌, 포유류뇌 그리고 인간뇌 세 부분으로 구분합니다(참고20). 파충류뇌는 '배고픔, 호흡, 체온 조절, 영역 본능, 싸우기 아니면 도망치기'처럼 생명 유지를 위한 기본적 신체 기능을 조절하거나 생존 본능을 다룹니다. 포유류뇌는 감정뇌 또는 대뇌변연계라 하며 '분노, 두려움, 돌봄과 보살핌, 사회적 유대, 놀이' 등 감정과 관계된 일을 합니다. 마지막으로 이성뇌라 불리는 인간뇌는 전두엽과 같이 인간의 뇌 중 가장 진화된 부분으로 '창의력, 상상력, 문제 해결력, 추론과 반성 그리고 감정 조절'을 담당합니다.

그런데 흥미롭게도 감정을 담당하는 포유류뇌는 사람이 태어날 때부터 이미 완성된 상태지만, 학습이나 인지를 담당하는 인간뇌는 성장하면서 순차적으로 발달해 출생 후 5년 정도 돼야 성인의 90% 수준이 됩니다. 즉 아직 인간뇌가 발달되지 않은 영유아가 무리하게 학습을 하는 것은 과학적으로 볼 때 별다른 효과가 없다는 것입니다. 반면 학습을 위한 억압적인 환경에서 아이가 정서적인 불편함을 느끼면, 이미 성숙한 감정뇌가 빠르게 반응해 부정적인 기억을 차곡차곡 쌓게 됩니다. 같은 맥락으로 평상시 어린 자녀가 울고 있을 때 부모가 즉시 달래고 정서적인 반응을 하면 금세 안정될 수 있습니다. 반면 이를 습관이나 버릇의 문제로 생각해 아빠가 아이를 달래지 않고 방치한다면, 불안을 느낀 아이의 감정뇌는 계속해서 부정적인 반응을 보이게 됩니다. 즉 우선적으로 자녀의 감정적인 욕구에 반응하고 이성적인 부분은 시간을 갖고 천천히 그리고 반복적으로 설명하는 것이 자녀의 뇌 발달에 맞는 아빠의 반응인 것입니다. 그렇게 자녀와 긍정적인 경험이 하나둘 쌓일 때 바람직한 관계 역시 자연스럽게 만들어질 것입니다.

트라우마
극복하기
〈갓파 쿠와 여름방학을〉

일본 에도 시대에 '갓파'라 불리는 물의 정령이 구로메강 근처 용왕늪에서 아들과 함께 살고 있었습니다. 아빠 갓파는 사람들이 용왕늪을 논과 밭으로 개간한다는 소식을 듣고 삶의 터전을 잃게 되는 것을 걱정합니다. 아빠는 용기를 내서 개간의 책임자인 사무라이를 찾아가 용왕늪을 보전해 줄 것을 간청하지만, 사무라이는 그의 행동이 건방지다며 아빠 갓파의 팔을 벤 후 결국 죽이고 맙니다. 눈앞에서 아빠의 죽음을 보고 슬퍼하는 아들 갓파마저 사무라이가 죽이려는 순간, 큰 지진이 일어나 용왕늪 속으로 갓파가 묻히게 되고 그렇게 200년의 시간이 흐릅니다. 남자아이인 코이치는 등굣길에 친구들과 장난을 치다가 신발을 개울에 빠뜨리고, 신발을 주우려 개울로 내려갔다가 거북이 모양의 화석을 발견해 집으로 가져갑니다. 코이치가 지저분한 화석을 깨끗이 물로 씻던 중 갑자기 화석이 움직이고, 거기서 팔과 다리는 물론 얼굴까지 나오기 시작합니다. 코이치는 자신이 주운 화석이 전설에서만 나온다는 물의 정령 갓파라는 것을 알게 되고, 깨어난 갓파에게 '쿠'라는 이름을 지어 주고 가족과 함께 즐거운 시간을 보냅니다. 하지만 코이치가 사는 동네 주민들 사이에 이상한 동물이 주변을 돌아다닌다는 소문이 퍼지게 되고, 결국 코이치의 집으로 의심의 눈초리가 쏠립니다. 과연 갓파 쿠는 인간들이 사는 동네에서 코이치 가족과 함께 편안히 지낼 수 있을까요? 아니면 위험한 인간들로부터 벗어나 안전하게 살 수 있는 곳을 찾아 새로운 여행을 떠나야 할까요?

영화 속 갓파 쿠는 아빠가 사무라이로부터 죽임을 당하는 장면을 목

MOVIE INFORMATION

갓파 쿠와 여름방학을

개봉 2008년, 2016년 재개봉

제작국 일본

분류 애니메이션

출연 김연우(갓파 쿠), 전진아(코이치), 사문영(히토미) 등

연령 초등학생 이상

런닝타임 138분

격하고 인간에 대한 강한 두려움을 갖게 되는데, 이렇게 정신적 외상으로 힘들어 하는 상태를 트라우마라 부릅니다. 아이들도 가끔 두려운 것을 만나면 힘들어 할 때가 있는데, 저희 아이는 어릴 적 머리 깎는 것에 대한 심한 트라우마가 있었습니다. 아이가 돌이 조금 지난 뒤부터 아내는 아이 머리를 깎으러 혼자 미장원에 가는 것이 힘들다며 함께 가자는 겁니다. 보통 어린 아이의 경우 엄마가 자녀를 가슴에 안고 있으면 미용사가 머리를 깎는데, 저희 아이는 전기이발기 소리만 나면 자지러졌습니다. 평소 활발하기는 했지만 순하다고 생각한 녀석이 어찌나 용을 쓰던지, 도저히 아내가 감당하기 어려워 저와 역할을 교대했습니다. 아이는 울고불고 발버둥을 쳤지만 위험한 전기이발기와 가위 때문에, 저는 아이의 몸을 붙들고 아내는 얼굴은 잡은 채 겨우겨우 머리를 자르며 진땀을 흘렸습니다. 그런데 이런 상황은 한두 번으로 끝나지 않고 이후에도 상당 기간 계속됐습니다. 저와 아내는 아이의 시선을 분산시키려고 인형을 챙기고 사탕도 주며 얼러 봤지만 소용이 없었습니다. 그런데 2년쯤 시간이 지난 후 어느 순간 아이에게서 이런 트라우마가 사라졌다는 것을 알게 되었습니다.

그런데 나중에 'SBS 우리 아이가 달라졌어요'를 보다가 이런 사례가 아이들에게 종종 발생한다는 것을 알게 됐는데(참고21), 아이의 행동은 고집을 피우려는 것이 아니라 낯선 이발기의 기계음, 가위에 대한 무서움, 움직이지 못하는 불편함 등이 복합된 결과물이었던 것입니다. 또한 이를 개선하기 위해서는 시간적 여유를 갖고 무서운 것에 대한 두려움을 조금씩 극복하는 것이 중요한데, 한 번에 뚝딱 고치려는 과욕은 절대 금물입니다. 예를 들어 집에 있는 드라이기로 아이가 직접 인형이나 자신의 머리 말리는 것을 놀이처럼 하면서, 자연스럽게 일상으로 받아들이는 것입니다. 또한 가위로 종이나 인형의 털실을 자르며 친숙해지는 것도 괜찮겠지요. 저는 나름 아이의 관심을 분산시키려고 사탕과 인형을 동원해 봤지만, 아이가 왜 그러는지 아이 입장에서 이유를 생각해 보는 것은 부족했습니다. 아이는 낯선 기계음이 무서워 도와 달라고 울었더니, 도움을 줘야 할 아빠와 엄마가 오히려 더 불편하게 하고 혼만 냈던 거죠. 지금도 아이가 소처럼 큰 눈으로 눈물을 뚝뚝 흘리던 그때 모습을 생각하면, 참 미안하다는 생각이 듭니다.

TIP 체계적 둔감법

미국의 행동주의 심리학자 존스(M.C. Jones)는 피터라는 세 살 남자아이를 통해 체계적 둔감법(Systematic Desensitization)을 실험했는데(참고22), 피터는 건강했지만 흰쥐, 토끼, 모피, 깃털과 같은 것을 무서워했습니다. 실험 첫째 날 피터는 토끼 우리에 갔지만, 우리 곁에서 멀찌감치 떨어진 의자에 앉아 토끼를 지켜보도록 했습니다. 다음 날은 피터가 토끼에 대한 두려움을 느끼지 않을 정도만 의자와 우리 사이의 간격을 조금 좁혔고, 그다음 날도 이런 식으로 거리를 조금씩 줄여갑니다. 마침내 피터가 토끼를 만지고 장난을 칠 수 있을 정도로 두려움을 극복했는데, 이를 체계적 둔

감법 또는 탈조건 형성(Deconditioning)이라고 합니다. 예를 들어 채소를 싫어하는 아이가 있다면 억지로 채소를 먹이려고 갈등을 일으키기보다는, 시장에 아이를 데려가 채소를 만져 보고 직접 계산도 하며, 집에 돌아와 채소로 김밥을 만들고 소꿉놀이도 하면서 친근해질 수 있는 기회와 시간을 차근해 가져 보는 것입니다.

　이러한 체계적 둔감법의 핵심은, 이미 많은 것을 경험했고 합리적으로 생각할 수 있는 성인의 시선으로 자녀를 바라보지 않는 것입니다. 아직 세상이 낯설고 모르는 것도 많은 자녀가 어떻게 일상을 바라보는지 고민하고, 자녀가 찬찬히 탐색과 경험을 하면서 이해할 수 있는 시간과 기회를 주는 것입니다. 이런 아빠의 관점은 자녀의 영유아기 때만 갖는 것이 아니라, 초등학생, 청소년, 청년으로 이어져 아이가 성장해도 가져야할 바람직한 자세입니다. 앞으로 자녀가 성장하면서 아빠가 예상치 못한 일들이 부모와 자식 사이에서 발생할 수 있지만, 자녀 입장에서 생각해 보는 아빠의 따뜻한 시선이 있다면, 자녀와 소통을 통해 어려움을 잘 극복해 나갈 수 있을 것입니다.

자녀의 눈높이에 맞추는 양육

〈도리를 찾아서〉

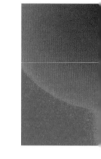

단기 기억 상실증이 있는 도리는 니모의 아빠 말린과 함께 어린 니모를 찾는 대단한 모험 후, 고향으로 돌아와 친구들과 살고 있습니다. 하지만 도리는 자신이 무언가 잊고 있다는 것을 알지만, 그것이 무엇인지 아무리 기억하려 해도 생각이 나지 않습니다. 그러던 도리가 가오리떼와 부딪혀 크게 다칠 뻔한 사고를 겪은 후, 자신이 잊고 있던 것은 바로 가족임을 깨닫게 됩니다. 도리는 어릴 적 부모님을 잃어버린 후 애타게 아빠와 엄마를 찾았지만, 어느 순간 자신이 부모를 찾는다는 것 자체를 잊고 살았습니다. 그녀가 기억할 수 있는 것은 오직 자신이 부모님과 함께 캘리포니아에 위치한 아쿠아리움 근처 해안에 살았다는 것입니다. 도리는 평소 자신의 스타일처럼 많은 것을 계획하기보다는 즉시 부모님을 찾아 떠납니다. 말린도 이번 여행이 결코 쉽지 않으리라 생각하지만, 가족의 소중함

을 누구보다 잘 알기에 흔쾌히 아들 니모와 함께 모험에 동참합니다. 과연 도리는 멀고 먼 캘리포니아 해안의 아쿠아리움까지 무사히 찾아갈 수 있을까요? 만약 도리가 그곳에서 부모님을 만난다면, 그녀의 부모님은 잃어버린 딸을 여전히 기억하고 또한 그리워하고 계실까요?

————— 아빠 생각 —————

영화 속 도리의 부모님은 단기 기억 상실증에 걸린 딸이 집으로 돌아오는 길을 잃을지 몰라 항상 걱정합니다. 혹시라도 도리가 길을 잃더라도 당황하지 않고 약속한 표시를 따라 집에 돌아올 수 있도록, 집 주변에 수많은 표시를 남기는 수고를 아끼지 않으며, 언젠가 딸이 돌아올 것이라는 믿음도 버리지 않습니다. 자녀의 눈높이에 맞춘 부모의 배려 그리고 긴

MOVIE INFORMATION

도리를 찾아서

개봉 2016년

제작국 미국

분류 애니메이션, 모험, 가족

출연 엘런 드제너러스(도리), 앨버트 브룩스(말린/니모의 아빠), 헤이든 롤렌스(니모) 등

연령 만 4세 이상

런닝타임 97분

시간이 흘러도 변하지 않는 그 사랑에 가슴이 멍해짐을 느꼈습니다. 그것이 바로 부모의 눈높이 사랑이 아닐까 하는 생각이 들었습니다.

아이가 초등학교 4학년 여름 방학 때 둘이서 여수로 여행을 간 적이 있습니다. 차를 주차한 후 시내 여기저기를 구경하고 점심으로 맛있는 콩나물 국밥도 먹었습니다. 한여름이어서 주차장까지 걸어가기가 쉽지 않을 듯해서 택시를 타려고 기다렸지만 잘 잡히지 않았고, 슬슬 얼굴과 몸에 땀이 흐르기 시작했습니다. 한참 지나서야 빈 택시 한 대가 반대쪽에서 오다가 우리를 발견했고 유턴을 준비 중이었습니다. 저는 아이에게 반대편에서 개인택시가 오고 있으니, 차가 오면 타자고 말했습니다. 그런데 갑자기 아이가 '개인택시'를 타면 안된다고 말하는 겁니다. 당황스러운 마음에 왜 그런지 물어봤지만, 아이는 이유를 제대로 말하지 않고 진지하게 같은 이야기를 되풀이했습니다. 날씨는 덥고 택시는 어느새 유턴을 해 우리 앞에 있어서, 얼른 아이의 손을 끌어 차에 탔습니다. 아이에게 귓속말로 좀 전에 왜 택시를 타지 말자고 했는지 다시 물었지만, 아이는 운전 중인 기사님이 부담스러운지 말을 하지 않았습니다. 주차장에 도착해 제 차에 타서 에어컨을 빵빵하게 틀어 더위를 조금 식힌 후 운전석 옆자리에 앉은 아이에게 다시 한 번 이유를 물었더니, 아이는 개인택시의 '개인'을 한 사람만 탈 수 있다는 말로 오해한 모양입니다. 정확히 기억나지는 않지만 보통은 그냥 '택시'라고 하는데, 그날 제가 "개인택시 온다!"고 말했나 봅니다. 순간 아이는 '개인택시'란 말을 나름의 뜻으로 해석했고, '집을 떠나 멀리 여수까지 왔는데, 아빠 혼자 택시를 타고 가버리면 어쩌지?'라는 고민을 했나 봅니다. 아이의 말을 듣고 한참이나 웃었지만, 옆에 있던 아이의 낯빛은 여전히 심각했던 것을 기억합니다. 지금이야 그 일을 떠올리면 아이도 깔깔대며 웃을 수 있지만, 자녀의 눈높이로 생각하고 배려하는 것이 얼마나 중요한지를 느낄 수 있는 좋은 시간이었습니다.

——— TIP 자녀의 눈높이에 맞춰 노는 아빠 ———

놀이를 중심으로 한 아버지교육 강연을 하다 보면, 아빠들이 자녀의 눈높이에 맞춰 반응적으로 대하는 모습을 보며 저도 감동을 받는 경우가 있습니다. 보통 놀이 실습 전에 놀이 이론과 방법을 자세히 설명하고 구체적인 놀이도 실습한 후, 스스로 자녀와 창의적인 놀이를 해보도록 자유 놀이를 제안합니다. 예를 들어 종이컵을 아빠와 아이에게 제공하고 놀아 보도록 하면, 모두 컵쌓기를 할 것 같지만 실제는 그렇지 않습니다. 나이가 어린 만 1~2세 아이들은 컵을 쌓는 것보다 의외로 흩어진 컵을 모으는 것에 더 관심을 보이는 경우가 있습니다. 이럴 때 어떤 아빠는 컵 모으는 것은 그만하고 컵을 쌓아 보자고 아이를 종용해 보지만, 여전히 아이는 컵모으기에 여념이 없고 결국 아빠와 따로 놀기도 합니다. 반면 어떤 아빠는 구석에 있던 컵 박스를 가져와 본격적으로 컵모으기를 시작합니다. 여기저기 돌아다니며 박스 한가득 컵을 모으고, 아빠가 머리 위에 박스를 올리면 아이는 농구처럼 컵을 머리 위 박스에 넣기도 합니다. 이번에는 수북하게 모인 컵을 손으로 저 멀리 던지기도 하고, 발로 차기도 하면서 새로운 놀이를 창의적으로 만들어 즐깁니다. 반면에 초등학교 2~3학년 아이들은 제법 웅장한 모양으로 컵을 쌓을 수 있습니다. 하지만 컵쌓기를 하다 보면 꼭 실수를 하게 되는데, 높이 쌓은 탑이 우르르 무너지는 순간 실수한 아이의 얼굴이 굳어지고 아빠의 눈치를 살피기도 합니다. 이런 긴장된 순간에 반응적인 아빠는 털털하게 웃으며 실수해도 괜찮다며 아이를 격려하고 컵쌓기를 이어가거나, 오히려 무너지고 남은 탑을 시원하게 부수는 것이 좋겠다며 짜릿한 카타르시스를 함께 즐기기도 합니다.

1~2살 아이에게 무조건 컵쌓기를 강요하거나 또한 조금 더 나이든 아이에게 쌓던 탑이 무너졌다고 구구절절 실수를 지적하거나 짜증을 내서는 안됩니다. 중요한 것은 자녀의 생각과 행동에 유연하게 반응하고, 아이가 실수를 하더라도 눈높이에 맞춰 다양한 방법으로 재미를 찾고 자녀를 격려할 수 있는 아빠의 태도입니다. 꼭 놀이가 아니더라도 이러한 아빠의 태도는 생활 속에서 반드시 필요합니다.

아이의 뇌는
이렇게 생겼다!

〈인사이드 아웃〉

열한 살 라일리는 눈이 많이 내리는 미네소타에 살면서 하키를 좋아하는 명랑 소녀입니다. 라일리의 마음 속에는 감정제어본부가 있고 그 안에 기쁨이(Joy), 슬픔이(Sadness), 까칠이(Disgust), 버럭이(Anger) 그리고 소심이(Fear)가 함께 살면서 라일리의 감정을 통제하는데, 평상시는 기쁨이가 가장 주도적인 역할을 담당합니다. 라일리는 성장하면서 다양한 일들을 경험했고, 그런 기억들이 모여 핵심 기억이 만들어집니다. 핵심 기억은 여러 가지로 분류되는데, 라일리가 좋아하는 하키섬, 엉뚱하고 우스운 기억들이 모인 엉뚱섬, 친구들과 즐겁게 놀고 우정이 쌓인 우정섬, 가족들의 사랑으로 만들어진 가족섬이 결합되어 라일리의 인격이 만들어집니다. 부모님의 사랑을 듬뿍 받으며 행복하게 지내던 라일리는 아빠의 이직으로 인해 낯선 샌프란시스코로 이사하게 됩니다. 자연과 어우러진 넓은 집에서 맘껏 하키를 즐길 수 있던 미네소타와 달리, 샌프란시스코라는 복잡한 대도시의 허름한 집에서 살게 된 라일리는 만감이 교차합니다. 이런 복잡한 라일리의 감정을 떨쳐 내기 위해 감정제어본부에 있는 기쁨이는 사력을 다하고, 그런 노력이 라일리의 행동에 긍정적으로 이어집니다. 하지만 라일리가 새로 전학간 학교에 출석한 첫날 친구들에게 자신을 소개하던 중 기쁨이와 슬픔이의 다툼이 벌어지고, 결국 두 감정이 감정제어본부를 벗어나 장기 기억저장소로 날아가 버리는 엄청난 사건이 발생합니다. 이제 본부에는 기쁨이와 슬픔이는 없고 까칠이, 버럭이, 소심이만 남아 라일리의 마음을 통제합니다. 과연 이 세 가지 감정은 라일리의 마음을 잘 통제해서 새로운 환경에 무난히 적응하게 할 수 있을까요? 그리고 장기 기억저장소로 날아가 버린 기쁨이와 슬픔이는 다시 감정제어본부로 무사히 돌아올 수 있을까요?

진짜 나를 만날 시간

인사이드 아웃

개봉 2015년

제작국 미국

분류 애니메이션, 코미디

출연 케이틀린 디아스(라일리), 에이미 포엘러(기쁨이),
필리스 스미스(슬픔이) 등

연령 초등학생 이상

런닝타임 102분

아빠 생각

　영화를 보면서 인간의 감정을 다섯 개의 캐릭터로 잘 표현했다는 생각이 듭니다. 처음에는 우리 마음에 기쁨만 있으면 좋겠다는 생각을 했지만 슬픔, 까칠함, 분노 그리고 소심함도 있어야 마음을 잘 표현하고 행복한 삶이 가능하다는 것을 알게 되었습니다. 또한 이러한 캐릭터를 통해 우리 아이들의 감정을 좀 더 잘 이해할 수 있을 듯합니다. 얼마 전 저희 아이의 감정제어본부에 있는 버럭이가 한바탕 난리를 벌였던 적이 있습니다. 토요일 오전 아이가 저에게 다가와 조금 전에 있었던 일을 다짜고짜 따지며 화를 내는 겁니다. 이야기를 들어보니 대수롭지 않은 일인데, 녀석이 흥분하는 모습에 당황스럽기도 해서 순간 너털웃음이 튀어나왔습니다. 그랬더니 이번엔 자기를 비웃었다며 조금 전보다 더 펄펄 뛰는 것이었습니다. 순간 저도 화가 났고 대단치 않은 일에 아빠에게 버릇없이 행동한다며 호통을 쳤습니다. 결국 아이는 자기 방으로 들어가 이불을 뒤집어쓴 채 엉엉 울기 시작했습니다.

　한참 시간이 흘러 저는 아이에게 동네 앞 아이스크림 가게에 가자고 화해의 제스처를 보냈습니다. 아이는 여전히 화가 나 있었지만 아빠의 말에 못 이기는 척 따라 나섰고, 아이스크림을 먹으며 아파트 주위를 함께 걸었습니다. 저는 아이에게 마음을 다 이해해 주지 못해 미안하다며 사과를 하고 아들을 꼬옥 안아 주었습니다. 그러자 털털한 아들은 아빠의 사과를 받아들이고, 아빠와 어깨동무를 한 채 동네를 어슬렁거리다 집으로 돌아

아이의 뇌는 이렇게 생겼다!
〈인사이드 아웃〉

왔습니다. 그래도 아빠인 제가 먼저 아이에게 손을 내밀고 마음을 풀어줬던 것은 그나마 잘했다는 생각이 듭니다. 사실 저도 불쑥불쑥 나타나 일을 그르치는 제 마음속 '버럭이'가 미울 때도 있지만, 분노라는 감정도 반드시 필요하기에 감정을 잘 다스리며 살아야 한다는 생각을 해보았습니다. 특히 자녀가 성장할수록 인격적으로 대하고 민주적인 관계를 맺기 위해 현명하게 행동해야 한다는 마음도 가져봅니다.

——— TIP 사춘기 자녀의 분노 표현 ———

자녀 특히 사춘기 자녀와 소통할 때 합리적인 태도가 무척 중요하지만, 가끔은 아이들이 보이는 이해하기 어려운 행동과 거친 표현에 민감하게 반응하지 않는 것이 필요합니다. 왜냐하면 아직 아이들의 뇌는 완성된 상태가 아니며 지금도 계속 발달하고 있어서, 가끔은 예측하기 어려운 모습을 보일 수도 있기 때문입니다. 이럴 때 적지 않은 아빠들이 원칙적인 대응이 필요하다고 생각하지만, 자녀의 옳고 그름을 조목조목 따지고 권위적인 태도로 일관하면 결국 감정만 상하고 관계를 그르치게 됩니다.

EBS 10대 성장보고서(참고23)는 사춘기 학생과 교사 각 10명을 대상으로 여러 가지 불편한 상황을 보여 주고, 각 상황에서 느낀 분노를 찰흙의 크기로 표현하는 실험을 했습니다. 그런데 재밌게도 청소년은 감정을 3단계 정도로 나누어 표현하지만, 성인은 4단계 이상 세분화했습니다. 실험을 주관한 김경일교수는 "아이들은 정말 억울할 거예요. 왜냐하면 아이들의 정서 눈금의 자는 3개 혹은 5개의 눈금을 가지고 있습니다. 그런데 어른들은 이것보다 훨씬 세분화된, 10개 혹은 11개의 눈금이 있는 자를 가지고 있거든요. 그렇기 때문에 어른들의 눈으로 보기에는 아이들의 정서적 표현들이 굉장히 극단적일 수가 있습니다. 하지만 이런 정서적 반응에 어른들이 '너 반항하는 거니?' 아니면 '너 화났니?' 아니면 '너 정말 성격이 이상한 거니?' 이런 식의 반응을 아이들에게 다시 돌려준다면 아이들은 점점 더 억울하게, 그런 고리에 들어가게 되겠죠." 아빠들이 조금만 더 자녀를 이해하고 도와준다면 우리 아이들은 사춘기를 잘 보내고, 조만간 10개의 눈금을 가진 건강한 성인으로 잘 자라나게 될 것입니다.

아이 마음은 혼자 남겨진 건 아닐까?

〈나 홀로 집에〉

    크리스마스 시즌을 맞아 열다섯 명의 친척들이 시카고에 있는 케빈의 집에 모여 떠들썩한 시간을 보내고 있습니다. 사람들로 붐비는 케빈의 집에 경찰 한 명이 찾아와 집안 분위기를 살피고 가지만, 내일 크리스마스 휴가를 즐기러 프랑스로 출발하는 케빈과 친척들은 아무도 경찰에게 관심을 기울이지 않습니다. 친척들 사이에서 장난끼 심한 골칫거리로 통하는 케빈은, 오늘도 치즈피자 때문에 친척 아이와 다투다가 결국 다락방에서 혼자 자는 신세가 됩니다. 다음 날 아침 늦잠을 잔 친척들은 비행기 시간을 맞추기 위해 허둥대다가, 다락방에 있는 케빈을 깜빡 잊고 집을 나섭니다. 느지막이 일어난 케빈은 집안이 너무 조용해 좀 이상하다고 생각하지만, 자신이 혼자 남았다는 것을 알고 오히려 좋아합니다. 반면 친척들은 프랑스로 가는 비행기 안에서 뒤늦게 케빈이 없다는 사실을 알게 되

고, 케빈을 걱정하는 엄마는 어떻게 하든 아들의 안전을 확인하려 합니다. 날이 어두워지자 좀도둑 일당이 크리스마스 휴가로 비어 있는 집을 털기 위해 어슬렁거리고, 드디어 케빈의 집을 침입하려 합니다. 과연 어린 케빈은 좀도둑 일당의 침입에 몸을 다치지 않고 안전하게 다시 가족과 만날 수 있을까요?

아빠  생각

영화 속 케빈의 엄마는 홀로 집에 남은 아들의 안전을 걱정하면서, 무슨 수를 써서라도 집으로 돌아가려 합니다. 저는 케빈의 엄마가 프랑스라는 물리적 거리와 크리스마스 휴가를 포기하더라도, 혼자 있는 아이를 위해 어떻게 하든 시카고로 돌아가려고 애쓰는 모습이 당연하지만 무척이

MOVIE INFORMATION

나 홀로 집에

개봉 1991년

제작국 미국

분류 모험, 가족, 코미디

출연 맥컬리 컬킨(케빈), 조 페시(좀도둑 해리), 다니엘 스턴(좀도둑 마브) 등

연령 초등학생 이상

런닝타임 105분

나 인상 깊게 느껴졌습니다. 그런데 혹시 우리 아이들은 비록 몸은 아빠, 엄마와 함께 있지만, 정신적으로는 심한 외로움과 어려움을 느끼며 고립되어 있는 건 아닐까요?

아이가 중학생이 되면서 예전에 비해 확실히 아들과 함께 할 수 있는 시간이 줄어든 건 사실입니다. 저도 나름 바쁘지만 저보다 아이가 훨씬 바쁜 것 같다는 생각이 듭니다. 그러다 보니 자연스럽게 아이와 마주칠 수 있는 일상의 시간을 확보하려고 노력하는데, 그중 하나가 편의점 데이트입니다. 늦은 밤 엄마가 먼저 잠이 들면, 가끔 불 켜진 아들의 방문을 노크해 편의점 데이트를 제안합니다. 물론 아이가 아빠의 제안을 항상 받아들이지는 않지만, 아들의 오케이 사인이 떨어지면 대충 걸친 옷에 슬리퍼를 신고 털레털레 편의점으로 향합니다. 오가는 길에 농담을 하고 장난을 치며 어깨동무도 하면서 낄낄댑니다. 편의점에선 보통 아이스크림이나 음료수를 하나씩 들고 나오고, 가끔은 약간의 음료수가 남은 플라스틱병을 높이 던지고 받으며 놀이도 해봅니다. 그러다 보면 어느새 아이는 요즘 자기 주변에서 있었던 일들을 조잘조잘 얘기하고, 저는 가능한 토 달지 않고 아이 입장에서 들으려고 노력합니다. 그렇게 이야기를 나누며 아파트 주위를 몇 바퀴 돌고 집으로 들어올 땐, 먹은 음료수와 아이스크림 흔적을 없애고 엄마가 깨지 않게 조심하는 것도 중요합니다. 욕실에 가서 간단히 양치를 하고 각자의 방으로 들어가면, 오늘 아들과 함께 한 심야 데이트는 끝이 나고 또 하나의 비밀이 완성됩니다. 비록 오늘도 다이어트는 실패했지만, 아이와 연결된 믿음의 끈을 다시 한 번 묶었습니

다. 자녀가 어리면 빵가게나 문방구도 좋고 굳이 밤늦게 가지 않아도 됩
니다. 어쨌든 이런 소소한 일들을 통해서 우리 아이들이 좋은 일뿐만 아
니라 힘든 일이 있을 때도, 친구처럼 아빠에게 찾아와 이야기할 수 있었
으면 좋겠습니다.

───── TIP 고민을 나눌 수 있는 아빠 ─────

2016년 한국청소년정책연구원의 연구(참고24)에 따르면, 초등학생 4~6
학년이 포함된 초중고생 11,132명을 대상으로 우울한 적이 있느냐는 질
문에 그런 편이다 25.7%, 매우 그렇다 6.2%로 31.9%의 학생이 우울함
을 느꼈다고 대답했습니다. 연령별로 보면 초등학생(4~6학년) 14.9%, 중
학생 31.3%, 고등학생 45.2%로 학년이 올라갈수록 급격히 우울함을 더
느낀다고 합니다. 그런데 고민을 나눌 지인이 있느냐는 물음에 다음과 같
이 응답합니다.

고민을 나눌 수 있는 지인
(단위 : %)

구분	없다	아버지	어머니	형제/자매	담임교사	상담교사	친구	이웃/친척	상담센터	기타
전 체	8.7	5.9	34.6	5.5	1.2	0.9	41.4	0.5	0.3	0.9
남 자	9.5	8.8	34.4	4.4	1.6	1.2	38.5	0.4	0.3	0.9
여 자	7.8	2.7	34.9	6.7	0.8	0.6	44.6	0.6	0.4	0.9
초등생(4~6)	9.0	7.4	48.5	5.5	1.1	0.8	25.4	0.6	0.3	1.4
중학생	9.0	5.3	31.1	5.4	1.3	0.9	45.3	0.6	0.4	0.7
고등학생	8.4	5.3	27.4	5.6	1.2	1.0	50.0	0.2	0.2	0.7

조사에 따르면 실제로 아이들에게 고민이 생겼을 때 아버지와 상의한 다는 응답은 겨우 5.9%에 불과하며, 특히 여자아이는 2.7%에 그칩니다. 반면 어머니라고 대답한 비율은 전체 중 34.6%로, 역시 자녀와 어머니는 상당히 친근한 관계임을 알 수 있습니다. 특이한 점은 연령이 높아질수록 아버지, 어머니와 고민을 나누는 비중은 줄어들고, 친구와 고민을 나누는 경우가 늘어갑니다. 자녀가 성장하면서 친구나 학교로 사회적 관계가 확대되면 친구와 고민을 상담하는 것이 당연하기는 하지만, 비슷한 수준의 경험을 갖고 있는 또래가 진지한 고민에 어떻게 대응할 수 있을지 걱정이 되기도 합니다. 특히 걱정스러운 부분은 전체 중 8.7%에 해당하는 아이들이 고민을 나눌 지인이 없다는 점입니다. 아빠의 역할이 무엇보다 필요한 시대임을 다시 한 번 느끼게 됩니다.

사춘기,
준비해 볼까요?

〈천년여우 여우비〉

어느 날 사고를 당한 외계인 우주선이 지구에 불시착하게 되고, 그들이 땅을 처음 밟았을 때 자신들 앞에 있던 새끼 여우 한 마리를 발견하고 여우비란 이름을 지어 주고 함께 살아갑니다. 그렇게 백 년이란 세월이 흘러 어느새 여우비도 백 살이 되었지만, 천 년을 사는 여우에게 백 년의 시간은 인간으로 치면 그저 열 살 정도로, 여우비는 지금 소녀 감성이 충만한 사춘기 아이입니다. 외계인들은 그들이 살던 행성으로 돌아가기 위해 오랫동안 우주선을 고치고 이제 출발을 앞두고 있지만, 한 명의 실수로 우주선이 다시 고장나 뒷산에 비상 착륙을 하고 맙니다. 고향으로 돌아갈 기회를 망친 외계인은 동료들의 구박을 피해 혼자 마을로 내려갔다가 학교 부적응 학생 수련회에 참석한 짓궂은 학생들에게 붙잡힙니다. 여우비는 친구를 구하기 위해 10살 여자아이로 변신해 수련회에 들어가고, 그곳에서 소심한 남자아이 황금이를 만납니다. 한편 사람으로 변신해 인간의 간을 빼먹는 구미호를 잡겠다며 사냥꾼들이 무시무시한 사냥개를 몰고 마을에 나타납니다. 과연 여우비는 사냥꾼들의 말처럼 사람을 해치는 무서운 존재일까요? 10살 소녀로 변신한 여우비는 자신을 잡기 위해 나타난 사냥꾼들을 따돌리고 외계인 친구를 구할 수 있을까요?

아빠 생각

　놀이 강연을 나가면 가끔 안타까운 일을 경험하게 됩니다. 교육에 참여한 아빠들은 평소 자녀와 잘 노는 경우도 있지만, 교육을 통해 다양한 놀이 방법을 배우고 자녀와 더 친해지려는 마음이 큽니다. 이런 의욕을 바탕으로 놀이 실습이 시작하면 대부분의 아빠들은 금세 놀이에 몰입하고

MOVIE INFORMATION

천년여우 여우비

개봉 2007년

제작국 한국

분류 애니메이션, 판타지, 가족

출연 손예진(여우비), 공형진(강선생), 류덕환(황금이) 등

연령 초등학생 이상

런닝타임 85분

자녀와 즐거운 시간을 보냅니다. 하지만 일부 아빠와 자녀는 분위기에 편승하지 못하고 겉도는 경우를 발견하게 됩니다. 교육을 받고 잘 해보겠다는 의욕 충만한 아빠와 달리, 아이가 쉽게 아빠의 손길을 받아들이지 않고 때로는 자신의 몸에 손대는 것도 뿌리칩니다. 아빠는 자녀를 달래도 보고 꼬셔도 보지만 결국 아이의 거부가 계속되면, 민망한 마음에 한 쪽 구석으로 물러나 스마트폰만 보다가 흐지부지 시간이 마무리됩니다.

왜 이런 일이 벌어질까요? 강연을 마치고 그런 아빠들에게 조용히 다가가 이야기를 나눠보면, 평소 아빠와 자녀의 관계가 친근하지 않은 것은 물론 함께하는 시간이 거의 없었다고 이야기하는 경우가 많았습니다. 아이 입장에서 보면 놀이 교육에 와서 왁자지껄한 분위기 속에서 옆의 아이들처럼 재미있게 놀고 싶지만, 평소와 다른 아빠가 갑자기 놀자고 하면 쉽게 마음을 열지 못하는 것입니다. 저는 아빠들에게 너무 속상해 하지 말고 일단 자녀와 꾸준히 놀면서 자녀와 긍정적인 경험을 쌓으라고 말합니다. 또한 오히려 이번 기회로 부자관계의 현실을 알게 된 것이 바람직하고, 앞으로 다가올 자녀의 사춘기를 잘 대비하길 당부합니다. 지금은 자녀가 예쁘고 아빠 말도 잘 듣는 것 같지만, 금세 아이는 성장하고 어느새 사춘기가 다가옵니다. 사춘기 부모와 자녀 관계는 가정마다 편차가 매우 커서 어떤 가정은 힘든 시기를 겪을 수도 있지만, 다른 가정은 약간의 갈등이 있지만 물 흐르듯 평안한 시기를 보냅니다. 자녀가 정체성을 키우며 긍정적인 사춘기를 보내기 위해서는 지금부터 특별할 것은 없지만, 아빠가 자녀를 인격적으로 대하고 대화와 스킨십을 나누며 행복한 시간을 조금씩 쌓아가야 합니다. 굳이 어렵지는 않지만 결코 쉬운 과정도 아니기에 아빠의 성찰과 꾸준함이 꼭 필요한 준비 과정이라 하겠습니다.

TIP 사춘기 뇌의 특징

우리 아빠들이 조만간 겪게 될 사춘기 자녀와 관련해서, 10대 성장보고서(참고25)는 사춘기 뇌의 특징을 다음과 같이 말합니다.

① 10대 뇌는 감정의 브레이크를 걸어주는 전두엽이 발달하는 시기이다. 전두엽은 성인기로 가는 20대 중반이 되어서야 비로서 성숙해진다. 따라서 10대의 뇌는 아직 미성숙한 상태다.

② 10대 뇌는 항상 새로운 것을 추구한다. 때로는 위험한 것에도 끌린다.

③ 10대 뇌는 예민하기 때문에 나쁜 자극에도 쉽게 물들 수 있다. 반면 좋은 자극에는 한층 더 성숙해질 수 있다.

④ 10대 뇌는 스트레스에 약하다. 지나친 스트레스는 헤어 나올 수 없는 우울증을 일으킬 수 있다.

⑤ 10대 뇌는 어른보다 모든 중독에 더 취약하다. 따라서 해로운 것들은 뇌에 더욱 손상을 주게 한다.

⑥ 10대 뇌는 대화를 원한다. 부모는 지시를 내리기 전에 아이가 무슨 말을 하고 싶은지 적극적으로 들어주자.

⑦ 10대 뇌는 잠이 필요하다. 10대 이전이나 10대 이후보다 더 많은 잠을 필요로 한다.

충분한 수면을 통해 스트레스를 줄이자.

⑧ 10대 뇌는 규칙적인 운동을 통해 뇌 세포 형성을 촉진하고, 건강하게 자란다.

⑨ 10대 뇌는 학습을 통해 더욱 발달할 수 있다.

⑩ 10대 뇌는 좋은 경험을 통해 성숙한다. 다양하고 좋은 경험을 할 수 있도록 이끌어
주자.

이 책에서 템플대 심리학자인 로렌스 스타인버그 교수는 "심리 사회적
능력은 인지 능력에 비해 훨씬 나중에 성인 수준으로 발달한다. 10대의
위험 행동의 비밀이 여기에 있다. 10대는 자동차의 브레이크라고 할 수
있는 뇌의 부분이 아직 미성숙하다. 브레이크가 없는 청소년의 뇌는 친구
라는 가속 장치를 만나 더욱 위험한 행동에 빠지게 된다. 75%는 무난하
다. 하지만 25%는 격렬한 사춘기를 겪는다. 또한 그 25%는 어렸을 때부
터 부모와 사이가 좋지 않았다. 부모와의 문제는 사춘기 때 갑자기 생기
는 것이 아니다."라고 조언합니다. 그리고 신경과학자 제이 기드박사는
"판단과 결정을 내리는 전두엽 피질은 가장 늦게 성숙한다. 25세가 된 후
에야 성인 단계에 이르게 된다. 따라서 자라나는 청소년에게 부모가 전두
엽의 피질이 되어야 한다. 10대에게 단순히 금지만 시키는 것은 이길 수
없는 전투를 하는 것이고 자연의 본성에 맞서는 것이다. 하지만 대부분의
10대들은 잘 극복하고 책임감 있는 어른이 된다."고 이야기합니다.

Chapter 4
소통과 놀이

소통의 뜻을 사전(참고5)에서 살펴보면, '뜻이 서로 통하여 오해가 없음'이라고 합니다. 말 그대로 서로 뜻이 통하려면 다양한 방법으로 소통해야 합니다. 그렇다면 아빠와 자녀가 소통하는 방법에는 어떤 것들이 있을까요? 놀이, 대화, 전화하기, 편지쓰기, 함께 식사하기, 안아주기, 뽀뽀하기, 운동하기 등 다양한 방법이 있습니다.

이러한 소통의 수단 중 영유아기와 초등 저학년 시기에 자녀와 활용하기 좋은 방법으로 놀이를 꼽을 수 있습니다. 놀이라는 영단어 'Play'는 라틴어 'Plaga'에서 유래했는데, 이는 '갈증, 목마름'이란 뜻입니다(참고26). 사람이 심한 갈증을 느낄 때 물이 없으면 생명을 유지할 수 없는 것처럼, 놀이란 아이들에게 마치 생명과도 같은데, 이런 놀이와 관련해서 아빠로서는 다행스럽고 재미있게 느껴지는 연구가 있습니다. Prutt(참고27)은 자녀가 놀이를 할 때 엄마보다 아빠와 노는 것을 더 선호한다고 말합니다. 엄마의 놀이가 예측 가능하고 규칙적인 반면, 아빠와 하는 놀이는 활동적이고 탐색적이며 예상치 못한 비규칙적 놀이가 많아, 자녀가 흥미를 잃지 않고 몰입할 수 있다고 말합니다. 아빠는 다양한 소통의 방법 중 자녀의 기대치가 높고 남성이 좀 더 적극적으로 할 수 있는 놀이를 소통의 수단으로 활용하면, 아이와 긍정적인 관계를 맺는데 매우 효과적입니다.

이렇게 영유아기 자녀와 잘 놀면서 소통하던 아빠가, 어느덧 자녀의 초등학교 입학이 다가오면 교육에 대한 권한을 모두 엄마에게 넘기고 양육에 뒷짐을 지는 경우가 있습니다. 자녀가 초등학교에 들어가면 돈만 벌어 온다고 아빠의 역할이 모두 끝나지는 않습니다. 초등 학령기 역시 여전히 놀이가 중요하지만, 자녀의 발달에 맞춰 대화와 운동 등 다양한 방법으로 소통을 이어가야 합니다. 만약 이 시기에 아빠가 초등학생 자녀와 소통의 끈을 놓쳐 버리면, 어느새 콩나물처럼 사란 아이는 아빠와 가족은 안중에도 없고 친구, 공부, 사회만 바라보게 됩니다. 결국 아빠는 가정과 자녀에게 아무런 영향력 없이 돈만 벌어오는 사람으로 전락될 수 있습니다.

이런 상황에 대해 교육 전문가들은 다음과 같이 신랄하게 비판합니다(참고 28). '엄마는 사교육을 중심으로 한 아이의 모든 교육에서 주인공이다. 아버지는 그저 돈이나 벌어 오고 옆에서 엉뚱한 소리나 안 하면 다행인 엑스트라일 뿐이다. 자기 힘으로 도저히 안 되겠다 싶을 때, 그제야 엄마는 아버지를 교육에 끌어들인다. 이때 아버지에게 요구되는 역할은 아이들을 휘어잡는 군기 반장에 지나지 않는다. 그러나 그 역할도 제대로 해내지 못해 아버지들은 좌절한다. 물론 많은 아버지들이 바쁘다는 이유로 자녀와 함께하지 못하고, 자녀들에게 정서적으로 반응하지 못하는 자신의 무능력과 경직성을 감추려고 권위적인 태도로 일관하거나 때로 강압적인 모습을 보이기도 한다. 하지만 아버지들 중에는 아이들이 좀 더 뛰어놀고 좀 더 여유있게 커주기를 바라는 사람들도 많다. 그러나 자신들의 생각을 제대로 설득할 여유도, 그럴 영향력도 없다. 가정에서 이미 설 곳을 잃은 아버지는 무기력하기만 하다.'

아동기의 자녀는 아빠와 충분히 놀고 소통하면서 긍정적인 자아를 키웠을 때, 청소년기를 거치며 정체성이 정립되고 서서히 독립적인 삶을 준비할 수 있습니다. 이번 장에서는 자녀와 소통할 수 있는 구체적인 방법들에 대해 알아봅니다.

소통의 열쇠는
아빠에게 있어요!

<쥬만지>

1969년 소년 앨런은 미국 뉴햄프셔주에서 신발 공장을 경영하는 부유한 아빠와 살고 있습니다. 어느 날 친구들로부터 괴롭힘을 당하던 앨런은 그들을 피해 허겁지겁 신발 공장으로 도망쳐 아빠에게 도움을 청합니다. 하지만 아빠는 앨런을 도와주기는 커녕, 남자는 두려운 일에 직접 맞서야 한다며 오히려 싸움을 부추깁니다. 결국 밖으로 나간 앨런은 친구들에게 붙잡혀 흠씬 두들겨 맞고 쓰러집니다. 겨우 몸을 추스른 앨런은 '쿵쾅쿵쾅' 이상한 북소리를 듣고 소리나는 곳으로 갔다가, '쥬만지'라고 새겨진 게임판을 발견해 집으로 가져옵니다. 그날 저녁 앨런의 아빠는 이번 주부터 당장 기숙학교에 가라는 명령을 하고, 그곳에 가기 싫다는 앨런의 의견도 묵살합니다. 이후 여자 친구 사라가 앨런의 집에 찾아왔을 때 두 사람은 쿵쾅대는 소리를 듣게 되고, 그 소리가 흘러나오는 쥬만지 게임판을

펼쳐 주사위를 던집니다. 순간 엘런이 게임판 속으로 빨려 들어가고, 사라도 어디선가 날아온 새들의 공격을 받습니다. 그리고 26년이라는 긴 세월이 흘러갑니다. 과연 쥬만지 게임판 속으로 빨려 들어간 엘런에게 무슨 일이 벌어진 걸까요? 혹시 엘런이 기숙학교에 가기 싫어서 고약한 장난을 친 건 아닐까요?

─────── 아빠  생각 ───────

영화 속 엘런의 아빠는 권위적이고 자녀에게 사랑을 잘 표현하지 못하지만, 아들을 끔찍이도 사랑했습니다. 엘런이 홀연히 사라지자 그의 아버지는 자신의 모든 재산과 시간을 들여 아들을 찾으려 합니다. 하지만 당시 엘런의 눈에 비친 아빠는 권위만 내세우는 괴물 같은 존재였습니다.

MOVIE INFORMATION

쥬만지
개봉 1996년
제작국 미국
분류 모험, 판타지, 가족
출연 로빈 윌리암스(성인 엘런), 조나단 하이드(아빠), 아담 한 바이어드(어린 엘런) 등
연령 초등학생 이상
런닝타임 104분

결국 앨런은 권위적인 아빠에게 반항한 후 예상치 못한 일로 실종되면서, 아빠의 가슴에 평생 한으로 남게 됩니다. 당시 시대적인 분위기를 고려하면 앨런의 아버지를 전혀 이해할 수 없는 것은 아니지만, 아들에게 그런 오해받을 행동을 한 건 분명 아빠의 책임입니다. 경제적으론 아이에게 좋은 교육을 시키고 재산도 충분히 넘겨줄 수 있는 여건이지만, 이미 아이는 마음의 상처를 입었고 어디론가 사라졌습니다.

돌아가신 저희 아버지를 기억해 보면 항상 바쁘셨고 가끔 화를 내실 땐 굉장히 엄하셔서, 당시 어린 제 마음엔 아버지가 '무섭다'는 인상으로 각인되어 있었습니다. 그러다 보니 사춘기를 넘어서도 아버지와 인간적인 대화를 나누기 어려웠고, 정서적으로 친근하다는 느낌을 갖지 못했습니다. 그런데 저도 아이를 키우면서 불쑥불쑥 권위적인 모습이 튀어나올 때가 있어, 그런 제 모습을 보며 깜짝 놀라기도 합니다. 혹시 여러분도 앨런의 아빠처럼 권위적이고 자녀에게 사랑한다는 말 한 마디 해보지 못한 것은 아닌가요? 바쁘다는 변명, 돈이 없다는 이유, 아빠는 권위가 있어야 한다는 생각, 어떻게 놀 줄 모른다는 핑계는 말 그대로 핑계일 뿐입니다. 먼저 자녀에게 손을 내밀고 마음을 나누는 것은 아빠가 해야 할 몫입니다.

─── TIP 아버지로서 느끼는 부담과 어려움 ───

김낙흥교수(참고29)는 영유아 자녀를 키우는 아버지들이 느끼는 바람직한 역할과 역할 수행의 어려움을 연구했습니다.

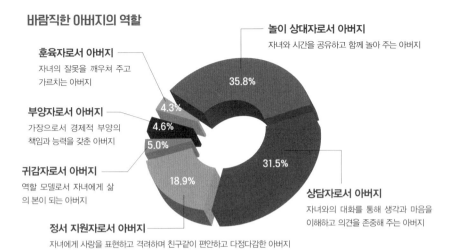

바람직한 아버지의 역할

놀이 상대자로서 아버지
자녀와 시간을 공유하고 함께 놀아 주는 아버지

35.8%

훈육자로서 아버지
자녀의 잘못을 깨우쳐 주고
가르치는 아버지

4.3%

부양자로서 아버지
가장으로서 경제적 부양의
책임과 능력을 갖춘 아버지

4.6%

5.0%

31.5%

귀감자로서 아버지
역할 모델로서 자녀에게 삶
의 본이 되는 아버지

18.9%

상담자로서 아버지
자녀와의 대화를 통해 생각과 마음을
이해하고 의견을 존중해 주는 아버지

정서 지원자로서 아버지
자녀에게 사랑을 표현하고 격려하며 친구같이 편안하고 다정다감한 아버지

영유아를 양육하는 아버지들은 놀이 상대자, 상담자, 정서 지원자 역할을 이 시기 아빠가 해야 할 중요한 일로 생각하고 있습니다. 반면 영유아기 자녀에게 아직 본보기나 훈육자 역할에 대한 인식은 상대적으로 적은 것으로 확인됩니다. 즉 많은 아빠들이 특별하고 대단한 일이 아니라 일상에서 자녀와 놀고 대화를 나누며 소통하는 것이 중요하다는 것을 잘 알고 있지만, 현실적으로 그것이 쉽지 않은 이유도 존재하는데 그 이유는 다음과 같습니다.

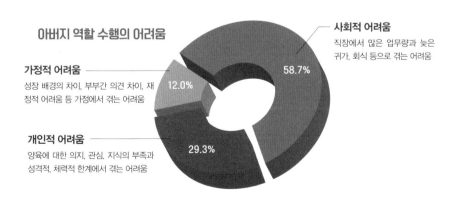

아버지 역할 수행의 어려움

사회적 어려움
직장에서 많은 업무량과 늦은
귀가, 회식 등으로 겪는 어려움

58.7%

가정적 어려움
성장 배경의 차이, 부부간 의견 차이, 재
정적 어려움 등 가정에서 겪는 어려움

12.0%

개인적 어려움
양육에 대한 의지, 관심, 지식의 부족과
성격적, 체력적 한계에서 겪는 어려움

29.3%

아빠들은 아버지로서 역할 수행의 어려움으로 가장 먼저 사회적인 면을 뽑았는데, 자신이 통제하기 쉽지 않은 직장과 문화적인 어려움이 적지 않다고 밝힙니다. 두 번째로 스스로 양육에 의지와 관심을 갖고 관련 지식을 배우며 체력적인 어려움을 극복하는 일이 쉽지 않다고 합니다. 마지막으로 부부간의 성격과 의견 차이 그리고 경제적인 어려움에 대한 부분이었습니다.

위의 연구를 보면 앨런의 아빠는 아버지의 역할 중 귀감자, 부양자, 훈육자 역할에 충실했지만, 반면 놀이상대자, 상담자, 정서지원자 역할은 부족한 듯합니다. 역할 수행의 어려움을 생각해보면 사회적, 가정적 어려움보다는 개인적인 어려움, 즉 자녀에 대한 관심과 양육 지식, 성격적인 면에서 성찰이 필요한 것으로 보입니다. 그는 자녀 양육에 대한 의지는 있었지만, 권위적이고 독재적인 모습으로 아들과 소통이 부족합니다. 모든 것을 단번에 해결할 수는 없지만, 소통의 열쇠는 자녀가 아닌 바로 아빠가 쥐고 있다는 것을 명심해야 하겠습니다.

소통하는
놀이의 시작

〈마이크로 코스모스〉

영화는 하루 동안 드넓은 초원의 곤충들이 주인공이 되어 벌어지는 다양한 에피소드를 생동감 있게 담아냅니다. 영화의 시작은 높은 하늘에서 하얀 구름을 뚫고 웅장한 숲을 바라보는 카메라의 멀찍한 시선에서 시작되고, 내레이터는 영화의 첫머리에 이렇게 이야기합니다. "이곳은 동틀 무렵 땅 위의 어딘가 있는 초원입니다. 이제 초원 아래 숨겨진 것은 엄청나고 거대한 공동체의 세계입니다. 풀들이 뚫고 들어갈 수 없는 정글이 되고, 조약돌들이 산이 되며, 가장 보잘것없는 물웅덩이 조차도 대서양의 크기를 가집니다. 거기에 시간은 다르게 흐릅니다. 이들에게 한 시간이 하루가 되고, 하루가 한 계절이 되며, 한 계절이 평생이 되기도 합니다. 이제 세계를 들여다보기 위해선 침묵할 줄 알아야 합니다. 그럼, 이제 경이로운 세계로 들어가 보시죠." 초원에 초대된 우리는 메뚜기가 더듬이를 다듬고, 개미는 얼굴을 닦고, 파리가 손을 비벼 날개를 정리하는 곤충들의 멋진 몸치장 장면을 볼 수 있습니다. 넓은 숲에는 이름 모를 곤충이 하늘을 날고 나뭇가지를 기어다니며, 새로 돋아난 줄기는 하늘을 향해 손을 뻗칩니다. 아름다운 꽃들이 하나둘 꽃잎을 펼치며 피어나자, 벌들은 이곳저곳을 돌아다니며 꿀을 모으기 시작합니다. 하지만 꽃은 벌에게 공짜로 꿀을 주지 않고, 벌의 몸에 살짝 꽃가루를 묻혀 자신의 후손을 퍼뜨리는 계획을 실행합니다. 과연 꿀 모으기에 열중인 벌들은 어떤 방법으로 꽃가루를 퍼뜨리는 걸까요? 그리고 우리 눈에 잘 띄지 않는 작은 곤충들은 어떻게 살아가고, 숲속에선 어떤 일들이 벌어질까요?

MOVIE INFORMATION

마이크로 코스모스

개봉 1996년

제작국 프랑스, 스위스, 이탈리아

분류 다큐멘터리

출연 자끄 페렝(내레이션)

연령 만 4세 이상

런닝타임 80분

아빠 생각

    영화의 제작진은 다큐멘터리를 만들기 위해 15년간 관찰과 연구를 하고, 3년간 세심하게 촬영하는 수고를 마다하지 않았습니다. 그런 세심함과 노력이 있었기에 영화를 보는 사람들도 작은 곤충을 애정 어린 눈으로 지켜보면서, 그들을 아끼고 사랑하는 마음마저 들게 합니다.

    가끔 어린 자녀를 둔 아빠들로부터 아이와 어떻게 놀아야 할지 몰라 힘들다는 얘기를 듣게 됩니다. 저는 그런 아빠들에게 자녀가 평소 어떻게 노는지 관심을 갖고 살펴볼 것을 권하고, 필요하면 아이를 지켜보면서 어떤 놀이를 하는지 메모지에 적어 보는 것도 좋은 방법이라고 조언합니다. 저는 지금도 어린 친구들이 있는 곳에 가면, 아이들이 어떤 놀이를 하고 어떤 행동을 하는지 탐색합니다. 그리고 아빠들이 어떻게 반응하는지도 지켜보면서 놀이에 대한 아이디어를 얻곤 합니다. 그렇게 관심을 갖고 관찰해 보면 일상 속에서 아이가 좋아하는 것, 즐기는 놀이를 어렵지 않게 파악할 수 있습니다. 또 다른 방법으로는 아이에게 직접 물어보는 것도 좋습니다. 의외로 자녀에게 어떤 놀이를 좋아하는지 물어보면 순순히 자신이 좋아하는 놀이를 말하고, 덤으로 아빠에게 함께 놀자고 요구합니다. 그럴 때면 내 생각을 접고 어깨에 힘을 뺀 후, 아이가 하고 싶어하는 놀이를 하며 반응해 주면 됩니다. 엄마에게 물어보면 아이가 좋아하는 놀이를 알려주는데, 동일한 놀이라도 엄마가 하는 놀이와 아빠의 놀이는 다르기 때문에 지루하지 않게 놀이를 즐길 수 있습니다. 가끔은 인터넷으로 놀이를 찾아 다른 아빠들이 어떻게 노는지 참고하고 적용해 보는 것도 괜찮습니다. 중요한 것은 아빠의 관심이며, 그렇게 관심을 지속적으로 유지하고 실천하면, 우리 주변에 널려 있는 수많은 놀이를 찾아 얼마든지 자녀와 함께 즐길 수 있습니다. 그런 과정을 통해서 우리는 자녀를 더 이해하고 사랑하게 될 것입니다.

TIP 잘 노는 10가지 방법

놀이의 중요성은 수십 번을 강조해도 부족하지 않습니다. 특히 자녀가 어릴 때부터 놀이를 통해 상호 작용하는 방법을 아빠가 익힌다면, 아이가 성장해도 어렵지 않게 대화를 나누고 소통할 수 있습니다. 다음은 제가 아직까지 아이와 놀이를 하면서 지키기 위해 노력했던 나름의 방법을 크게 태도와 스킬이라는 주제로 정리한 것입니다. 메모를 해서 눈에 잘 띄는 곳에 붙인 후 놀이할 때 매일매일 적용해 보면 좋을 듯합니다(참고30).

잘 노는 10가지 방법

태도

1. 자녀와 아빠가 좋아하는 일상 놀이로(반복해도 좋아요!)

2. 학습이 아닌 놀이로

3. 꾸준히(하루 10분이라도)

4. 놀아주지 말고 함께 놀기

5. 안전은 기본

스킬

6. 주도권은 자녀에게(기다림, 선택)

7. 반응을 눈, 입, 몸으로(눈맞춤, 맞장구, 하이파이브, 포옹, 오버액션)

8. 발달 고려 유연하게

9. 자연스런 대화(경청의 반응도 눈, 입, 몸으로/눈맞춤, 맞장구, 끄덕끄덕)

10. 승리는 자녀에게(자녀가 절반 이상 승리)

놀이 단계와
이성 교제

〈언더독〉

차를 몰고 깊은 산으로 들어간 남자가 사람이 없는 한적한 곳에 내려 차문을 열자 잘 생긴 개 한 마리가 뛰어나오고, 남자는 개사료 한 포대를 차에서 내려놓습니다. 개는 무언가 재미있는 일을 기대하듯 남자에게 꼬리를 흔들고 호기심 어린 눈빛으로 바라보자, 그는 테니스공을 꺼내 숲속 먼 곳으로 힘껏 던집니다. 신이 난 개가 날쌔게 공을 쫓아가 주둥이로 문 순간, 자신을 남겨둔 채 출발하는 자동차 소리가 들리고, 개는 사력을 다해 쫓아 보지만 차를 따라잡는 것은 어림도 없습니다. 그렇게 뭉치는 주인으로부터 아무도 살지 않는 깊은 산속에 버려졌습니다. 그래도 뭉치는 곧 주인이 돌아올 거라고 믿으며 사료가 놓인 곳에서 궂은 비를 맞으며 기다려 보지만, 반가운 주인의 차 소리는 들리지 않습니다. 어느새 비가 멈추고 뭉치가 점점 희망을 잃어가고 있을 즈음, 숲속에서 한 무리의 버려진 개들이 나타나 뭉치가 손도 대지 않은 사료를 실컷 먹어 치웁니다. 뭉치가 버려졌다는 것을 뻔히 알고 있는 떠돌이 무리의 대장 짱아는 돌아오지 않을 주인을 기다리지 말고 자신들과 함께 가자고 설득합니다. 이때 가까운 곳에서 차가 멈추는 소리가 들리고, 주인이 돌아왔다고 생각한 뭉치가 신이 나서 소리나는 곳으로 달려가 보지만, 차에 있던 사람은 늙고 병든 개 한 마리를 내려놓고 휑하니 떠납니다. 그렇게 또 한 마리의 개가 산속에 버려지고, 짱아 무리는 버려진 늙은 개 그리고 뭉치와 함께 사람이 살지 않는 마을의 폐가 속 자신들만의 아지트로 터벅터벅 발걸음을 옮깁니다. 과연 이 버려진 개들은 폐가 속 아지트에서 어떤 모습으로 살아가고 있을까요? 뭉치와 같은 신세인 듯한 이 버려진 개들에게는 어떤 사연이 있는 걸까요?

MOVIE INFORMATION

언더독

개봉 2019년

제작국 한국

분류 애니메이션

출연 디오(뭉치), 박소담(밤이), 박철민(짱아), 강석(개코) 등

연령 만 4세 이상

런닝타임 102분

영화 속 뭉치는 예상치 못한 깊은 숲속에서 밤이를 만나게 되고, 처음에는 심한 공격성을 보이는 밤이의 모습에 가까이 하기 어려웠지만, 여러 일들을 겪으며 좋은 이성 친구가 되어갑니다. 요즘 초등학생은 지금 부모 세대와 달리 이성 친구를 사귀는 것이 자연스럽고, 또한 이성 친구를 드러내는 것 역시 그다지 꺼리지 않습니다. 반면 부모 입장에서 초등생 자녀가 이성 친구를 사귄다고 하면 걱정스럽기도 하고, 한편으론 너무 민감하게 반응해서 자녀와 갈등을 일으키기도 합니다.

일반적으로 초등 저학년 아이들은 이성보다 동성에 더 많은 관심을 보이며, 남자아이는 칼싸움이나 운동 등으로 공격성을 발산하고 여자아이들은 소꿉놀이나 인형놀이 등에 몰두합니다. 초등 고학년이 되어도 여전히 동성끼리 뭉쳐서 이성 친구들과 반목하기도 하지만, 슬슬 이성에 대한 관심을 보이기 시작하고 5~6학년쯤 되면 직접 사귀기도 합니다. 이 시기 아이들의 이성 교제는 성인처럼 진지한 생각보다는 교제 기간이 두세 달 정도로 그리 길지 않으며, 서로에게 호기심을 느끼는 과정에서 놀이처럼 생각하는 경우가 많습니다. 초등학생 자녀에게 이성 친구가 생겼다면 부모는 평상시처럼 아이의 이야기를 잘 들어주고, 이성 교제에 대해서도 스스럼없이 자녀와 대화할 수 있는 자세가 필요합니다. 반면 이성 교제로 인해 아이의 생활 패턴이 흔들리거나 안전에 문제가 생긴다면, 부모는 깊이 있는 대화를 통해 상황을 파악하고 대처해야 합니다. 자녀가 이성을 사귄다는 것은 많은 아이들이 겪는 자연스런 성장 과정이기에, 부모는 지나친 간섭보다 한 발자국 떨어져 지켜보면서 자녀에게 꾸준한 관심을 갖고 자연스럽게 소통하는 것이 필요합니다.

─── **TIP 발달에 따른 영유아기 놀이의 단계** ───

영유아기 자녀를 둔 아빠를 만나보면, 아이의 사회성이 떨어져 친구들과 잘 놀지 못한다며 걱정하는 경우가 있습니다. 하지만 사회성 부족보다는 대부분 발달 과정상 자연스런 놀이의 단계를 거치고 있는 것에 대한 오해를 하는 경우가 있습니다. 아이들의 놀이는 일반적인 발달 단계(참고 31)가 있어서 아무 때나 주변 친구들과 어울려 노는 것이 아니며, 놀이의 단계를 이해하면 자녀 양육에 도움이 됩니다.

① 비참여 행동(Non-play Behavior)

사람을 졸졸 따라다니거나 두리번거리고, 장난감을 갖고 놀지 않고 만지작거리며 순간적인 관심을 보이기도 합니다. 이를 놀이로 볼 수는 없지만 놀이의 발달 과정에서 거치는 단계로, 환경이 낯설거나 기분이 좋지 않고 친구 관계가 원만하지 못할 때 나타나기도 합니다.

② 지켜보기(Looking Behavior)

다른 아이들이 노는 것을 지켜보지만 놀이에 참여하지는 않으며 말을 주고받기도 합니다. 내성적이고 소극적인 아이에게 자주 나타나며, 다음 놀이로 넘어가기 위한 탐색을 할 때 보입니다.

③ 혼자놀이(Solitary Play)

만 2~3세 영유아에게서 주로 나타나며, 한 공간에 있지만 서로 다른 놀이감으로 독자적인 놀이를 합니다. 이 시기는 아직 사회성이 발달되지 않아 서로 대화 없이 자기 중심으로 노는 것이 특징입니다.

④ 병행놀이(Parallel Play)

혼자놀이 시기보다 조금 사회성이 발달해서 친구에게 함께 놀자고 하며, 같은 놀이감으로 놀면서 언뜻 보기엔 집단으로 놀이하는 것 같지만, 상호 작용 없이 각자 놀이하는 모습을 보입니다.

⑤ 연합놀이(Associative Play)

함께하는 놀이에 대해 이야기를 하고 놀이감을 빌려주기도 하지만, 아직 역할 분담이나 조직적인 형태를 띄지 않고 여전히 자기가 원하는 놀이를 중심으로 느슨한 집단 놀이를 합니다.

⑥ 협동놀이(Cooperative Play)

유아기 후반의 아이들에게 주로 나타나며, 리더가 생기고 역할을 나눠 조직적으로 문제를 해결하는 등 활발히 상호 작용하는 모습을 보입니다.

⑤와 ⑥의 단계를 별도로 나누기도 하지만 거의 같은 시기에 나타나기도 합니다.

아빠는 자녀가 2~3세 정도일 때 연합·협동놀이 수준을 기대한다면, 아이의 사회성이 부족하다고 오해할 수 있습니다. 이런 오해로 혼자놀이나 병행놀이를 재미나게 하는 자녀에게 친구와 함께 놀라고 강요하면, 이는 발달 과정상 바람직하지 않습니다. 오히려 이 시기는 아이 혼자 상상력을 발휘하고 놀이에 몰입할 수 있는 환경을 만들어 주는 것이 좋고, 애착이 잘 형성된 아빠와 함께 놀이하는 것도 좋은 방법입니다. 또한 5~6세 자녀도 또래가 옆에 있다고 해서 무조건 연합·협동놀이만 하는 것이 아니라, 때로는 혼자놀이를 하면서 깊이 있는 관찰과 문제 해결 능력을 키울 수 있으며, 아이의 특성도 놀이에 반영될 수 있음을 고려해야 합니다.

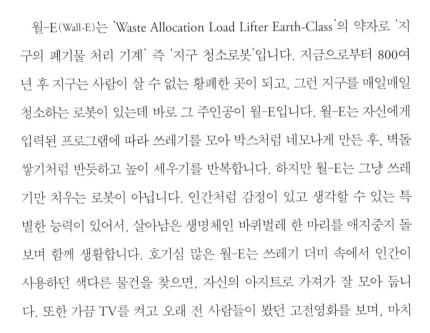

말하지 않아도
느껴지는 사랑

〈월-E〉

월-E(Wall-E)는 'Waste Allocation Load Lifter Earth-Class'의 약자로 '지구의 폐기물 처리 기계' 즉 '지구 청소로봇'입니다. 지금으로부터 800여 년 후 지구는 사람이 살 수 없는 황폐한 곳이 되고, 그런 지구를 매일매일 청소하는 로봇이 있는데 바로 그 주인공이 월-E입니다. 월-E는 자신에게 입력된 프로그램에 따라 쓰레기를 모아 박스처럼 네모나게 만든 후, 벽돌 쌓기처럼 반듯하고 높이 세우기를 반복합니다. 하지만 월-E는 그냥 쓰레기만 치우는 로봇이 아닙니다. 인간처럼 감정이 있고 생각할 수 있는 특별한 능력이 있어서, 살아남은 생명체인 바퀴벌레 한 마리를 애지중지 돌보며 함께 생활합니다. 호기심 많은 월-E는 쓰레기 더미 속에서 인간이 사용하던 색다른 물건을 찾으면, 자신의 아지트로 가져가 잘 모아 둡니다. 또한 가끔 TV를 켜고 오래 전 사람들이 봤던 고전영화를 보며, 마치 자신이 영화 속 주인공인양 춤추는 모습을 흉내내며 허전한 마음을 달랩니다. 어느 날 월-E는 평소처럼 쓰레기 작업을 하다가 이제 막 뿌리를 내린 식물을 발견하고, 역시 자신의 아지트로 가져가 한 구석에서 키우기 시작합니다. 그러던 중 거대한 우주선 한 대가 월-E가 있는 곳에 착륙하고, 우주선은 세련된 디자인과 다양한 기능 그리고 무시무시한 무기를 지닌 로봇 한 대를 내려놓고 떠납니다. 이 첨단 로봇은 쓰레기로 뒤덮인 지구 이곳저곳을 다니며 무언가 탐색을 시작하고, 호기심 많은 월-E는 몰래 그 로봇을 쫓아다니다 결국 들키게 됩니다. 우주선에서 내린 이 무서운 로봇은 특수 임무를 띄고 지구에 온 듯한데, 과연 평범한 일상을 반복하는 청소 로봇 월-E에게 어떤 일이 벌어질까요?

MOVIE INFORMATION

월-E

개봉 2008년

제작국 미국

분류 애니메이션, SF, 가족

출연 벤 버트(월-E), 엘리사 나이트(이브) 등

연령 만 4세 이상

러닝타임 104분

![아빠 생각]

　2016년 3월 최고의 바둑 기사 중 한 명인 이세돌이 인공 지능 알파고와 바둑 대결에서 1승 4패라는 충격적인 결과로 패하면서 세계적인 화제가 된 적이 있었습니다. 사람들은 이런 이야기를 접하면, 마치 영화 터미네이터 속 기계가 사람을 지배하는 암울한 미래를 떠올리곤 합니다. 영화 월-E 역시 그런 암담한 미래에 대한 상상을 근간으로 하지만, 청소 로봇 월-E는 지구를 망가뜨린 인간의 탐욕과 달리 귀엽고 정겨워 보입니다. 월-E가 할 수 있는 말은 오직 '이브'라는 한 마디지만, 그의 섬세한 표정과 작은 몸짓 그리고 배려가 담긴 행동을 보면 이브에 대한 애틋함을 짐작할 수 있습니다. 영화를 보면서 반드시 말을 하지 않아도, 진심이 깃든 행동 하나하나를 통해서 사랑은 전해질 수 있다는 생각이 듭니다.

　얼마 전 지방으로 발령 받은 대학 후배와 식사를 했는데, 아내가 직장을 다니고 있어서 자신만 지방으로 이사하고 당분간 주말 부부로 지낸다고 합니다. 후배는 유치원에 다니는 딸이 하나 있는데, 요즘 주말에만 잠시 올라왔다가 월요일 아침 일찍 근무지로 갈 때면, 힘들어 하는 아이때문에 자신의 마음도 아프다고 합니다. 그래서 그 후배에게 세 가지 조언을 했습니다. 첫 번째는 계획으로, 주말을 정기적으로 활용할 수 있기에 다음 주 계획을 이번 주에 만났을 때 함께 세우고, 주중에 다시 전화를 통해 구체화하는 것입니다. 동네 앞 놀이터에 가더라도 어떤 놀이를 하고 싶은지 무슨 과자를 먹을지 함께 계획을 세우는 과정에서, 비록 몸은 떨어져 있어도 함께 생각하는 주제를 통해서 정서적 교감은 계속됩니다. 두 번째는 자주 연락하는 것입니다. 요즘은 핸드폰 통화는 물론 영상 통화도 쉽게 할 수 있으니, 최소 하루 한 번 이상 연락하면서 일상을 나누면 됩니다. 자녀와 통화할 때 특별히 무슨 이야기를 할지 고민하지 말고, 오늘 점심은 무얼 먹었고 친구와 어떤 놀이를 했는지 아이가 관심 있는 주제로 이야기하면 됩니다. 세 번째는 아내에 대한 배려입니다. 아이를 함께 키우다가 아빠와 떨어져 생활하게 되면, 자연스럽게 엄마가 해야 할 역할이 늘어나고 체력적인 한계는 물론 심리적으로 위축되기도 합니다. 엄마의 마음을 이해하고 격려하는 것은 물론 주중 아이를 전담했던 역할에서 벗어나, 주말에는 엄마가 쉴 수 있는 여건을 만드는 것도 필요합니다. 이 후배의 경우 당분간 가족과 떨어져 생활할 수밖에 없지만, 아이는 물론 아내도 여전히 아빠로부터 사랑받고 있다는 것을 아빠의 눈빛, 목소리, 행동을 통해서 충분히 느낄 수 있을 것입니다. 월-E와 이브처럼 말이죠.

TIP 신체 접촉의 힘

EBS 아기성장보고서(참고32)는 말하지 않아도 느낄 수 있는 신체 접촉의 중요성을 이야기합니다. 해리 추거니(Harry T. Chugany) 박사는 피부가 태내에서 만들어질 때 외배엽에서 분화되는데, 이때 피부와 함께 분화되는 신체 조직이 뇌임을 강조합니다. 피부와 뇌는 신경 회로로 촘촘히 연결되어 있어서 피부의 자극이 뇌로 잘 전달되는데, 이러한 이유로 '피부는 제 2의 뇌'라고 말하기도 합니다. 이를 잘 증명하는 사례로 '캥거루 케어'를 들 수 있는데, 미숙아가 태어났을 때 일정 기간 엄마의 가슴에 올려 쓰다듬고 말을 거는 등 신체 접촉과 정서적 교감을 높이는 치료법입니다. 처음 이 방법을 시작한 곳은 콜롬비아의 병원인데, 당시 미숙아를 보호할 수 있는 인큐베이터는 적고 미숙아는 많은 안타까운 상황이 잦았다고 합니다. 그런 어쩔 수 없는 환경에서 엄마가 할 수 있는 최선의 방법을 찾아 시도했던 것이 바로 캥거루 케어입니다. 삶과 죽음의 기로에 선 자식에 대한 엄마의 간절함이 따스한 신체 접촉을 통해 미숙아의 삶의 의지 그리고 생명을 살리는 기적으로 이어진 것입니다. 이제 캥거루 케어는 미숙아는 물론 정상아에게도 활용되며, 미숙아 출산 후 우울증에 걸린 산모의 정서 치료에도 효과가 있다고 합니다.

반면 이와는 반대로 루마니아의 독재자 차우셰스쿠 정권에서는 1960년대 중반부터 독재를 이어갔는데, 단기간에 인구를 늘리기 위한 수단으로 모든 여성이 최소 4명 이상의 아이를 낳게 하는 야만적인 법을 실행했습니다. 이로 인해 수많은 여성들이 원치 않는 임신을 했고 극심한 경제난이 덮치면서, 아이들이 버려지거나 고아원에 보내지는 끔찍한 일이 벌어졌습니다. 게다가 고아원의 담당자 한 명이 30명 넘는 아기들을 돌봐야 하는 상황으로 이어지면서, 아이들은 신체 접촉은 고사하고 20시간 이상 침대에 누워 방치되고, 호스로 끼얹는 물로 대충 오물을 닦는 등 처참한 환경에서 자랐습니다. 이렇게 부모와 어른들로부터 보살핌과 자극을 받지 못한 채 성장한 아이들은, 심각한 두뇌 손상으로 인지 능력의 저하와 감정 조절 장애 등 지금까지 후유증으로 고생하는 사람들이 상당하다고 합니다. 이렇듯 콜롬비아와 루마니아의 사례를 보면서, 자녀에게 사랑을 담은 따뜻한 지지와 신체 접촉이 얼마나 중요한지 새삼 깨닫게 됩니다.

자녀와
소통하는 방법

⟨우리는 동물원을 샀다⟩

벤자민은 위험한 일을 즐기는 탐험가로 열정적인 삶을 살아왔습니다. 하지만 아내가 세상을 떠나자 크게 상심하게 되고, 아들 딜런과 어린 딸 로지를 잘 키우려 하지만 생각처럼 쉽지 않습니다. 특히 열네 살 아들 딜런은 엄마가 돌아가신 후 학교에서 퇴학당하고 아빠에게 반항을 하는 등 두 사람의 관계가 심상치 않습니다. 벤자민은 자신과 아이들에게 무언가 변화의 필요성을 느끼고, 서둘러 자신이 일하던 언론사를 그만두고 아내와 살던 집도 정리합니다. 그리고 새로 살 집을 찾아 돌아다니다 마당이 굉장히 넓고 동물들도 많은 특이한 집을 발견하고 마음이 끌리지만, 그곳은 보통의 집이 아니라 영업이 잘 되지 않아 문을 닫은 동물원이었습니다. 하지만 어린 딸 로지는 이 동물원을 사서 집으로 사용하자고 강변하고, 벤자민은 동물 관리가 쉽지 않고 현재 운영 상태도 좋지 않은 동물원을 산다는 것은 어림없는 일이라고 딸을 설득해 보지만 소용이 없습니다. 결국 벤자민은 딸의 고집과 무언가 특별하게 느껴지는 이곳을 사고 싶다는 마음에 이끌려 동물원을 구입합니다. 하지만 짐승들을 먹이고 또한 관리할 사육사를 고용하기 위해서는 결국 동물원을 빠른 시간 내에 재개장해야 하는 상황에 몰립니다. 하지만 지금의 처지는 동물원을 재개장할 수 있는 여건이 못되고, 설상가상으로 아빠와 아들 딜런의 관계가 더 악화되면서 벤자민은 점점 힘들어합니다. 과연 벤자민과 동물원 식구들은 파산한 동물원을 다시 개장해서, 옛날처럼 활기 넘치는 곳으로 만들 수 있을까요? 그리고 벤자민과 아들 딜런도 예전처럼 소통하는 관계로 회복될 수 있을까요?

MOVIE INFORMATION

우리는 동물원을 샀다

개봉 2012년

제작국 미국

분류 가족, 코미디

출연 맷 데이먼(벤자민 미), 스칼렛 요한슨(켈리 포스터), 콜린 포드(딜런 미) 등

연령 초등학생 이상

런닝타임 124분

제 아이는 동물 보는 것을 좋아해 초등 3~4학년까지 동물원에 자주 다녔습니다. 아이는 특별히 서울대공원 가는 것을 좋아해서, 입구에서 코끼리열차를 탈 때면 들떠서 좋아하던 모습이 눈에 선합니다. 한번은 동물원 구경을 마치고 정문을 나서는데, 할아버지 한 분과 손자로 보이는 아이 두 명이 즐겁게 이야기를 나누며 걸어오는 모습이 눈에 들어왔습니다. 문득 '나중에 아들이 손주를 낳으면 나도 그 아이들 손잡고 동물원에 또 올 수도 있겠구나!'라는 생각이 들었습니다. 지금은 아이가 훌쩍 커서 동물원에 가지는 않지만, 저에게 동물원은 가족과 세대를 연결해 주는 멋진 소통의 장소가 될 것이라는 생각이 듭니다.

영화 속 벤자민은 아내의 죽음을 힘들어하는 가운데 엄마를 잃고 상심한 아들의 슬픔을 세심하게 보살피지 못해서, 부자 관계는 더욱 악화되고 소통의 실마리를 찾지 못합니다. 흔히 관심의 반대말은 무관심이라고 하는데, 무관심처럼 무서운 것이 없다는 생각이 듭니다. 벤자민처럼 주변에 대한 관심을 놓아버리면 옆 사람이 애타게 부르짖어도 공허한 메아리로 들리는데, 이런 상황에서 그가 아들에게 관심을 갖게 되는 계기가 된 것이 바로 동물원입니다. 우리 아빠들 역시 마찬가지입니다. 자녀에 대한 관심이 없다면 아이의 속마음을 결코 이해할 수 없습니다. 그래서 자녀에게 관심을 표현할 수 있는 작은 방법 단 하나라도 찾아서, 서로 시간을 내고 소통하는 노력이 필요합니다. 소통이라는 작은 불씨가 켜지면 다른 장작으로 옮겨붙어 좀 더 큰 불이 될 수 있지만, 작은 불씨마저 꺼지면 결국 소통은 요원해지고 맙니다. 자녀가 어릴 때는 놀이가 소통의 방법으로 가장 좋겠지만, 아이들이 성장하면서 그들의 개성과 아빠의 여건 등을 고려해 이전과는 다른 나름의 방법으로 자녀에 대한 관심과 소통을 이어가야 합니다.

TIP 자녀와 소통하는 방법

제가 아이와 꾸준히 했던 그리고 지금도 상당 부분 하고 있는 소통의 방법들을 소개하고자 합니다. 물론 회사 업무와 개인적인 일 등으로 항상 지키지는 못했지만, 나름 아이와 소통하기 위해 의지를 갖고 노력했던 방법들입니다. 지금은 아이가 중학생이 되면서 유아기나 초등학생 때와는 다른 소통의 방법을 찾아가고 있습니다. 예를 들어 매일매일 하던 놀이와 매주 갔던 나들이와 여행은 많이 줄었지만, 주말에 자전거 타기 같은 스포츠 활동으로 바뀌었습니다. 반면 주말 아침에 요리를 하거나 서점 가기 그리고 손톱깎이 등은 여전히 계속되고 있습니다.

자녀와 소통하는 방법

1. 30분 놀이 또는 책 읽기 (매일, 3~13세)

2. 가까운 여행/나들이 또는 주말 오전 아침 운동 (주말, 4세~)

자녀와 소통하는 방법
〈우리는 동물원을 샀다〉

3. 아침 요리 (주말 토/일, 5세~)

4. 영화관에서 영화 보기 (매달 1회, 8세~)

5. 서점/헌책방 가기 (매달 1~2회, 8세~)

6. 손톱/발톱 깎아 주기 (격주, 9세~)

7. 월간 계획 작성 (매달, 12~13세, 놀이/여행 정하기 등)

8. 저녁 외식 후 렌탈샵에서 영화/책 빌려 보기 (매주 금, 7~13세)

9. 정시 퇴근 후 외식과 탁구/볼링/자전거/야구 등 (매주 수, 10~11세)

   - 점포 근무로 주말에 아이와 활동할 수 없었을 때 주로 활용

10. 시간 정해서 TV보기 (주말 토/일 각 1~1시간 30분, 7세~)

11. 청소/설거지 (매 주말, 5세~, 가사 분담)

　　별것 아닌 일들이지만 이런 방법을 꾸준히 실천하면서 여전히 저와 아이는 서로에게 의미 있는 관계를 만들어 가고 있습니다. 가정 형편에 맞춰 꾸준히 자녀와 소통할 수 있는 방법을 찾길 바랍니다.

경청의 힘

〈샬롯의 거미줄〉

큰 비가 내리던 어느 날 밤 돼지 한 마리가 태어나지만, 이 녀석은 너무 작게 태어나 엄마 돼지의 젖도 빨 수 없어 결국 도살되야 하는 처지입니다. 하지만 어린 소녀 펀은 아빠를 졸라 외삼촌 농장에서 아기 돼지를 키우게 되고, 그 돼지를 월버라고 이름 짓습니다. 사교성 좋은 돼지 월버는 농장 동물들과 잘 지내고 싶지만, 그들은 월버를 친구로 대하지 않고 무언가 비밀을 감춘 듯합니다. 월버가 다른 동물들의 따돌림으로 시무룩해 있을 때 어디선가 부드러운 목소리가 월버에게 들려오는데, 그 목소리의 주인공은 바로 거미 '샬롯'입니다. 이제 아기 돼지 월버와 거미 샬롯은 서로에게 둘도 없는 절친이 되어 농장에서 행복한 시간을 보냅니다. 하지만 월버는 자신이 크리스마스 식탁 위에 음식으로 올려질 '성탄절 돼지'라는 비밀을 알게 된 후 심한 충격에 빠집니다. 샬롯은 실의에 빠진 월버를 위로하고 자신이 끝까지 지켜 주겠다며, 윌버를 살릴 방법을 찾기 위해 고민 또 고민합니다. 과연 샬롯은 목숨을 잃을지 모르는 위기에 처한 윌버를 구할 수 있는 묘책을 찾게 될까요? 그리고 다른 동물들은 특별히 윌버에게 관심이 없는데, 샬롯은 무슨 이유로 윌버를 위해 최선을 다하는 걸까요?

아빠 생각

농장 동물들은 샬롯을 그저 더러운 파리나 잡아먹는 징그러운 곤충으로 여길 뿐입니다. 하지만 샬롯이 윌버의 어설픈 이야기를 끝까지 들어주고 그의 존재를 인정하며 때로는 힘이 되어 주었을 때, 이들은 세상에 둘도 없는 귀한 친구가 되었습니다. 그리고 샬롯은 윌버의 목숨이 위험에

MOVIE INFORMATION

샬롯의 거미줄

개봉 2007년

제작국 미국

분류 판타지, 가족, 코미디

출연 줄리아 로버츠(거미 샬롯), 다코타 패닝(소녀 편), 도미닉 스콧 케어(돼지 윌버) 등

연령 만 4세 이상

런닝타임 97분

처했을 때 자신이 할 수 있는 모든 방법을 써 보고, 심지어 자신의 목숨까지도 흔쾌히 희생하려 합니다. 어쩌면 윌버에게 샬롯은 자녀의 이야기를 경청하고 세상에서 가장 귀한 존재로 여겨주는 아빠, 엄마와 같은 존재가 아닐까 하는 생각이 들었습니다.

SBS 영재발굴단(참고33)에서는 화학을 좋아하는 8살 희웅이의 이야기가 나옵니다. 희웅이는 어린 나이에 그 어렵다는 원소 주기율표를 다 외우고, 자신이 공부한 내용을 엄마에게 달려가 조목조목 설명합니다. 엄마는 혹시라도 희웅이의 말 하나라도 놓칠세라 집중해서 듣습니다. 사실 엄마는 희웅이가 재잘거리는 화학 이야기를 들으면 마음이 무거워지는데, 단지 화학 용어가 어려워서 그런 것만은 아닙니다. 희웅이 부모님은 직접 소리를 듣지 못하고, 사람의 입모양을 보며 의사 소통하는 후천적 청각 장애를 갖고 있습니다. 게다가 희웅이네 집은 아이를 학원에 보낼 정도로 경제적 여건이 넉넉하지 못하고, 그렇다고 아빠나 엄마가 직접 화학을 가르칠 수도 없기에, 엄마와 아빠가 할 수 있는 것은 오직 희웅이의 이야기를 집중해서 들어주는 것 뿐입니다. 그런데 이번에 희웅이 가족에게 기쁜 일이 생겼는데, 희웅이가 상위 0.6%에 속하는 최상위권 영재라는 테스트 결과입니다. 게다가 더욱 놀라운 것은 희웅이 엄마와 아빠의 자녀에 대한 지지도를 측정한 결과, 각각 100점과 95점으로 이 프로그램 역사상 최고의 점수를 기록했습니다. 아이의 이야기를 끝까지 경청하고 교감하는 부모님이 있었기에, 희웅이는 새로 배운 지식을 머릿속에 체계적으로 담을 수 있었다고 전문가는 말합니다. 엄마는 "못난 부모라 해 줄 수 있는 게

없지만, 제가 해 줄 수 있는 건 잘 들어주는 거예요."라고 말합니다. 많은 대화를 할 수 없기에 따스한 눈빛으로 대신했다는 희웅이 부모님, 그것이 희웅이가 특별할 수 있는 이유였습니다.

TIP 경청의 방법

경청을 구체적으로 어떻게 해야 할까요? 상대방의 이야기를 잘 듣고 있다는 메시지를 눈과 입과 몸으로 반응할 수 있는데, 이를 '①눈맞춤 ② 맞장구 ③끄덕끄덕'으로 정리할 수 있습니다(참고34). 첫 번째는 눈으로 반응하는 '눈맞춤'입니다. 자녀와 이야기할 때 아빠가 자녀와 눈을 맞추지 않으면, 아이는 아빠의 말을 흘려듣거나 집중력이 떨어질 수 있습니다. 아빠가 먼저 자녀의 눈을 바라보면, 자녀는 아빠가 자신의 말에 집중하고 있다는 것을 느끼고, 반대로 아빠의 말에도 귀를 기울이게 됩니다. 두 번째는 입으로 반응하는 '맞장구'입니다. 맞장구란 상대방의 말에 '그렇구나, 정말, 우와, 대단한데' 등 감탄사 등으로 관심을 표현하는 것입니다. 아이가 말할 때 짧지만 맞장구를 한두 마디 쳐주면, 아이는 신이 나서 더 많은 이야기를 할 것입니다. 마지막으로 몸과 행동으로 반응하는 것인데, 대표적인 것이 대화할 때 자연스럽게 '끄덕끄덕' 고개를 위아래로 움직이는 것입니다. 자세히 보니 희웅이 부모님도 이 방법을 사용하고 있었습니다. 반면 대화를 나눌 때 꼭 '끄덕끄덕' 하지 않아도 다양한 눈짓과 표정 그리고 행동이 더해지면, 아이들은 아빠가 자신에게 적극적으로 반응하고 있음을 쉽게 느낄 수 있습니다. 이렇게 눈을 맞추고 맞장구를 치고 고개를 끄덕이는 것이 눈과 입 그리고 몸으로 경청을 표현하는 구체적인 방법입니다. 경청을 통해 자녀의 감정을 자연스럽게 수용할 수 있다면, 이후의 대화는 좀 더 부드럽고 합리적으로 진행될 수 있습니다.

꼬리에
꼬리를 무는
놀이 그리고 대화법
〈밤의 이야기〉

    이 영화는 보통의 영화나 애니메이션과 달리 눈을 사로잡는 독특한 색채가 아름다운 실루엣 애니메이션입니다. 낡은 극장에 소년과 소녀 그리고 노신사가 책상에 앉아 이야기를 나눕니다. 한 사람이 자신의 아이디어를 말하면 다음 사람이 그 생각을 받아 이야기를 이어가고 또 이어가, 결국 한 편의 제대로 된 스토리가 극장에서 상영됩니다. 이들이 만든 첫 번째 동화는 바로 늑대 인간 이야기입니다. 보통 늑대 인간은 사람을 헤치고 동물을 죽이는 괴물로 여겨지지만, 여기에 소년과 소녀가 특별한 아이디어를 덧붙입니다. 늑대 인간인 한 젊은이가 누명을 뒤집어쓰고 감옥에 수감되지만 결국 사건의 진범이 밝혀져 풀려나게 되고, 그는 자신을 믿고 끝까지 뒷바라지한 착한 여인과 약혼합니다. 하지만 청년은 자신이 늑대 인간이라는 비밀을 약혼자에게 어떻게 밝혀야 할지 몰라 고민하다가, 결국 보름달이 뜨던 밤에 자신이 늑대로 변하는 모습을 그녀에게 보여줍니다. 하지만 이 여인은 실제로 청년의 뒷바라지를 하지 않았고, 진짜 도움을 준 사람은 그녀의 여동생이었습니다. 언니는 마치 자신이 그런 고귀한 일을 한 것처럼 사람들을 속였지만, 늑대 인간으로 변한 약혼자를 보자 싸늘하게 마음을 돌립니다. 게다가 언니는 약혼자가 인간으로 되돌아오지 못하도록 궁지에 몰아넣습니다. 한편 동생은 자신이 좋아했고 뒷바라지한 청년이 언니와 약혼을 하고 이후 사라졌다는 얘기를 듣고 충격과 실의에 빠져 숲속을 헤맵니다. 과연 늑대로 변한 젊은이는 다시 인간으로 돌아올 수 있을까요? 그리고 숲을 헤매는 동생에게 좋지 않은 일이 생기는 건 아닐까요? 이렇게 소년과 소녀 그리고 노신사가 만들어 내는 6개의 신비한 이야기는 꼬리에 꼬리를 물고 이어집니다.

밤의 이야기

개봉 2012년
제작국 프랑스
분류 애니메이션, 판타지
출연 줄리엔 베라미스(소년), 마리엔 그리셋(소녀) 등
연령 만 4세 이상
런닝타임 84분

소년과 소녀가 만들어 가는 아이디어는 가끔 황당하기도 하지만, 노신사는 이야기를 끊지 않고 오히려 그들의 이야기를 경청하고 좀 더 풍성한 이야기를 만들어낼 수 있도록 격려합니다. 또한 필요할 땐 자신의 생각을 더해 더 탄탄한 스토리를 만들어 냅니다. 노신사는 소년 소녀의 이야기를 경청하고 그들이 가진 재능을 계속 발휘할 수 있도록 지원하는 배려와 여유로움을 가졌다는 생각이 듭니다.

저와 아이는 집에서 신체 놀이와 간단한 도구를 이용해 주로 놀았지만, 여행을 떠나거나 차로 이동할 땐 상황에 맞춰 다양하게 놀이를 확장했습니다. 예를 들어 차에서는 공룡과 자동차 이름대기, 끝말잇기, 단어 뜻 말하기, 이야기 이어가기, 영어 끝말잇기, DJ놀이 같은 것들입니다. 한창 아이가 공룡에 꽂혀 있을 때는 차에 타자마자 아들이 공룡 이름대기를 하자고 성화를 부립니다. 그렇게 놀이가 시작되면 아이는 어디서 들었는지 모를 어려운 공룡 이름을 줄줄 이어가고, 거기에 자신이 알고 있는 공룡에 대한 지식을 덧붙여 이야기를 풀어냅니다. 한참 공룡 이야기를 하다가 이번에는 자동차 이름대기로 넘어 가고, 그 다음은 끝말잇기로 이어집니다. 아이가 좀 더 자라면서 단어를 하나 말하면 자신이 알고 있는 지식을 총동원해 그 뜻을 이야기하는 놀이도 하고, '밤의 이야기'처럼 이야기 이어가기는 물론 영어로 끝말잇기도 했습니다. 아이가 초등학교 고학년이 되면서 좋아하는 노래가 생겼을 땐, 아이가 듣고 싶은 노래 한 곡을 들고 제가 듣고 싶은 흘러간 노래도 번갈아 들어 보는 DJ놀이를 하다 보면, 어느새 목적지에 도착하게 됩니다. 그렇게 함께 놀이를 하다 보면 아이가 어떤 것에 관심이 있는지 알게 되고, 두런두런 다양한 주제로 이야기를 나누며 아이의 마음을 좀 더 이해할 수 있게 됩니다. 중요한 것은 영화 속 노신사처럼 자녀가 좋아하는 주제를 충분히 이야기할 수 있도록 배려하고 여유를 갖는 아빠의 태도가 아닐까 생각해 봅니다.

─── TIP 자연스런 대화를 이어 가는 방법 ───

시카고대학의 고든(Thomas Gorden) 교수는 PET(Parent Effectiveness Training) 이론을 바탕으로, 자녀와 바람직한 대화를 하기 위한 방법을 다음의 세 가지 단계로 제안합니다(참고35).

① 경청(감정 수용)

흔히 아빠들은 자녀와 대화하는 것을 회사의 업무 처리하듯 합리적으로 신속히 하려 하지만, 자녀와 대화할 때 특히 의견 충돌이 있을 땐 먼저 아이의 감정을 받아 주며 차분히 이야기를 들어야 합니다. 만약 아빠가 눈에 보이는 자녀의 사소한 행동을 지적하고 자신의 성질에 못 이겨 화를 내면 대화는 곧 단절될 것입니다. 반면 자녀는 자신의 감정이 아빠와 공유된다고 느낄 때, 그제서야 합리적 사고와 행동이 가능합니다. 앞서 자녀의 말을 경청하는 방법으로 눈과 입과 몸으로 반응하는 '눈맞춤, 맞장구, 끄덕끄덕'을 활용할 수 있습니다. 이러한 아빠의 행동은 자녀가 아빠로부터 존중받고 있다는 생각을 갖게 하고 공감대를 형성하는 바탕이 됩니다.

② I-Message

경청을 통해 자녀의 감정을 수용하고 문제의 원인을 파악했다면, 이제 아빠의 생각을 전달할 차례입니다. 위의 경청(감정 수용)의 단계에서 자녀가 충분히 자신의 감정과 생각을 알리는 과정을 통해, 자신의 부족한 점을 느끼고 아빠의 말도 들을 준비가 어느 정도 되어 있을 것입니다. 이때 아빠가 부모로서 느끼는 감정과 생각을 말해야 하는데, 이를 I-Message라고 합니다. 예를 들어 I-Message는 "아빠는 네가 무엇이 속상한지 이야기를 하지 않고 소리만 질러서 속상했어."처럼 아빠를 주어로 해서 마음을 표현합니다. 또한 문제의 원인을 아이 탓으로 돌려 비난하거나 화가 난 감정을 여과 없이 전달하기보다는, 아빠의 생각과 느낌을 진솔하지만 간결하게 말하는 것이 중요합니다. 감정적인 말이나 예전에 있었던 일을 꺼내 진부하고 길게 이야기하는 것은 대화의 효과를 반감시킵니다.

③ No-Lose-Method(대안 제시)

대화의 과정에서 아빠와 자녀 어느 한 쪽이 승자와 패자가 될 필요는 없습니다. 아빠는 ①과 ②의 과정을 통해 서로를 존중하는 가운데 가능한 입장 차이를 줄이고 수긍할 수 있는 대안을 찾는 것이 좋습니다. 반면 무조건 결론을 만들어야 한다는 생각으로 아빠의 입장만 강조하면, 대화는 금세 중단될 수 있습니다. 만약 서로가 원하는 합의안을 찾을 수 없다면 지금 당장 결론을 내기보다는, 시간을 두고 천천히 대안을 찾아가는 것도 좋은 방법입니다.

변화의 시기, 관심이 필요해!

〈모모와 다락방의 수상한 요괴들〉

    동경에 살던 11살 소녀 모모는 아빠가 갑작스럽게 사고로 돌아가신 후, 엄마의 고향인 시오지마 섬으로 이사하게 됩니다. 그곳에서 엄마의 숙부, 숙모님과 함께 살면서 도시에서의 생활 그리고 아빠에 대한 기억을 떨쳐 보려고 합니다. 이사 첫날 모모는 다락방에 올라갔다가, 요괴들이 그려진 오래된 그림책을 발견하지만 대수롭지 않게 여깁니다. 엄마는 어린 시절을 보낸 시오지마에서 친척과 친구들을 만나며 빠르게 적응해 가지만, 도시에서만 살던 모모에게는 처음 접하는 시골 생활과 낯선 친구들이 어색하기만 합니다. 그러던 어느 날 다락방에서 봤던 그림책 속 요괴들이 모모의 눈에 보이는 일이 벌어집니다. 모모는 이 무서운 요괴들을 피하고 싶지만, 이상하게도 요괴들은 모모를 떠나려 하지 않습니다. 그런데 더 기가 막히는 것은 이 요괴들은 다른 사람들 눈에는 보이지 않고, 오직 모

모에게만 보인다는 것입니다. 과연 요괴들이 모모를 떠나지 않는 이유는 무엇일까요? 그리고 모모는 아빠가 돌아가신 일을 이겨내고 엄마와 함께 이곳 시오지마에서 잘 살아갈 수 있을까요?

아빠 생각

　모모와 엄마 두 사람 모두 갑작스럽게 아빠가 사고로 돌아가신 후 정신적으로 많이 힘들어합니다. 하지만 엄마는 자신에게 친숙한 어린 시절의 환경에 적응하며 좀 더 빠르게 상처를 극복해 가지만, 모모는 아빠가 돌아가시기 전 아빠에게 했던 모진 말들을 떠올리며 괴로워하고 새로운 환경에도 잘 적응하지 못합니다. 모모와 엄마를 보면 두 모녀가 서로를 끔찍이 사랑하는 것을 알 수 있지만, 큰 변화의 소용돌이 속에서 엄마가 모

MOVIE INFORMATION

모모와 다락방의 수상한 요괴들

개봉 2012년

제작국 일본

분류 애니메이션, 가족, 판타지

출연 미야마 카렌(모모), 유카(엄마) 등

연령 초등학생 이상

런닝타임 120분

모에게 좀 더 관심을 기울여야 하지 않을까 하는 생각이 듭니다.

중학생이 된 제 아들은 요즘 사춘기를 지나며 가끔 예상치 못한 말로 아빠를 당황스럽게 하는 경우가 있습니다. 아이는 보통 아침에 일어나면 자신이 덮고 잔 이불을 정리하고 학교에 가는데, 하루는 이불을 개지 않고 나가려고 하기에 저는 일상적인 말투로 이불을 정리하고 가라고 했습니다. 그런데 갑자기 아이가 짜증 섞인 목소리로 저에게, "아빠, 뇌 있어요? 인간이예요?"라고 말하는 겁니다. 앞뒤가 맞지 않는 엉뚱한 소리에 순간 머리카락이 쭈뼛했지만, 아침 등교 시간이어서 더 이상의 확전을 자제했습니다. 아이도 제 눈치를 슬쩍 살피더니 상황이 좀 이상하다는 것을 느꼈는지, 얼른 이불을 정리하고 집을 나섰습니다. 아이의 뒷모습을 보며 좀 당황스럽기도 했지만, 녀석이 무슨 말을 하고 싶었는지 한 번 생각해 보았습니다. 아마도 녀석은 '지금 제가 등교 시간에 맞추려면 시간이 얼마나 부족한지 아빠도 잘 알면서, 무조건 이불을 개고 가라고 하면 도대체 어쩌란 말이죠?'라고 말하고 싶었던 것 같습니다. 그런데 순간 아빠의 말에 짜증이 났고, 평소 친구들과 사용하던 표현에 나름 '요'라는 경어를 붙인 듯합니다. 즉 제가 친구였다면 '너 뇌 있냐? 인간이냐?'라고 얘기했겠죠. 저녁에 감정이 정리된 상태에서 아침에 있었던 일에 대해 제가 느낀 감정을 차분히 아이에게 이야기했더니, 녀석도 금세 사과를 해서 일이 잘 마무리됐습니다. 때로는 자녀의 말과 행동을 모두 이해하기 어려운 때도 있습니다. 하지만 아빠가 평소 자녀에게 관심을 기울이고 너그러운 마음을 갖는다면, 자녀의 말과 행동 속에 숨겨진 생각을 조금 더 이해하고 원만한 관계를 쌓아갈 수 있을 것입니다.

──── TIP 베이비사인과 아빠의 관찰력 ────

'베이비사인(Baby Sign)'이란 말을 들어 보신 적이 있나요? 인간에게 언어란 자신을 표현하고 상대방의 생각을 이해하는 수단으로 매우 중요한데, 처음 세상에 태어난 아기는 일정 기간 동안 말을 하거나 글을 쓸 수 없기에 이를 대신할 수 있는 표현 방법을 찾습니다. 대표적인 것이 울음인데, 어린 아기들은 울음으로 자신의 불편함과 요구를 표현하고, 부모는 이러한 아기의 울음을 빠르게 이해하고 반응하기 위해 노력합니다. 이후 아이들은 언어를 습득해 가는 과정에서 자기 생각을 독특한 자신만의 몸짓과 행동으로 표현하기도 하는데, 이를 '베이비사인'이라고 말합니다. 베이비사인은 자녀에 대한 관심이 높고 반응적인 부모일수록 잘 이해할 수 있고, 표현과 반응이라는 과정을 통해 쌓은 신뢰는 자연스럽게 언어 사용 이후로도 이어져 긍정적인 소통이 강화될 수 있습니다.

많은 아빠들 역시 자녀가 아기였을 때 갑작스러운 울음의 원인을 알아내, 기저귀를 갈고 분유를 먹이며 심심하지 않게 놀아 주려고 노력했을 것입니다. 또한 자녀가 조금 더 컸을 땐 우리 아이가 사용하는 베이비사인의 의미를 찾기 위해 관찰력을 총동원했을 것입니다. 하지만 아이가 두세 살이 되고 슬슬 말문이 터지면, 어느새 아빠는 자신이 가졌던 뛰어난 관찰력과 민첩성을 포기합니다. 그리고 영유아기 아이에게 다 큰 녀석이

제대로 말을 하지 못한다며 타박하고, 사춘기 아이에겐 왜 그렇게 이해할 수 없는 말과 행동을 하고 도대체 버릇이 없다고 말하기도 합니다. 과연 아이들의 표현력에 문제가 있는 걸까요? 혹시 자녀가 베이비사인처럼 나름의 표현을 충분히 했지만, 아빠가 그 표현을 잘 알아듣지 못하거나 무시한 건 아닐까요? 물론 사람이 성장하면서 언어를 통해 자신을 표현하는 것이 일반적이지만, 소통의 수단은 단지 언어만이 아닙니다. 생활 속에서 자녀가 무엇을 좋아하고 싫어하는지 알고 또한 기쁘고 슬플 땐 어떤 행동을 하는지, 말 못하는 불편이 있는지 관심을 갖고 자녀 나름의 표현에 반응할 필요가 있습니다. 특히 자녀가 유치원이나 학교에 입학하는 것처럼 환경이 바뀌거나, 사춘기에 신체나 정신적으로 큰 변화를 겪는 시기라면 더욱 아빠의 관심이 필요합니다. 만약 아빠가 이러한 시기에 자녀의 행동과 표현에 민감하지 못하면, 이런 말의 해석에 상당한 어려움을 겪을 수 있습니다. "아빠, 뇌 있어요? 인간이에요?"

스포츠를 통한 소통

〈주토피아〉

어린 시절부터 활발하고 불의를 참지 못하는 성격의 토끼 주디는 장래 희망으로 경찰을 꿈꾸는 여자아이입니다. 하지만 아직까지 맹수나 덩치 큰 동물만 경찰이 됐지, 초식 동물은 경찰이 된 전례가 없습니다. 주디의 친구들은 그녀가 말도 안되는 꿈을 가졌다며 놀리지만, 그녀는 한 번도 자신의 꿈을 포기한 적이 없습니다. 시간이 흘러 주디는 각고의 노력 끝에 경찰 학교를 수석 졸업하고, 동물들의 낙원이라는 주토피아에 위치한 경찰서에 배치됩니다. 주토피아는 포유류 통합 정책을 실시하는 곳으로, 육식 동물이 초식 동물을 해치지 않고 함께 어울려 살아가는 유토피아 같은 곳입니다. 주디는 경찰이라는 자신의 꿈을 이뤘고, 특별히 주토피아에 배치 받은 것을 자랑스럽게 생각합니다. 하지만 주디가 일하게 된 경찰서 동료들은 그녀가 경찰 학교 수석 졸업생이라는 사실은 대수롭지 않고 그저 조그만 초식 동물 신참으로 여길 뿐입니다. 결국 주디에게 주어진 첫 번째 임무는 그녀의 포부와 달리 주차 단속입니다. 투덜대며 주차 단속을 하던 주디는 경찰이라는 책임감으로 여우 닉을 돕지만, 결국 교활한 여우가 자신을 속였다는 것을 알고 분개합니다. 한편 최근 주토피아에 맹수들이 연쇄적으로 실종되는 이상한 사건이 발생하지만, 경찰들은 이 사건을 쉽게 처리하지 못하고 있습니다. 어느 날 주디는 실종된 남편을 찾아 달라고 애원하는 수달 부인의 요청에 꼭 그렇게 하겠다고 덜컥 약속을 하게 됩니다. 하지만 경찰서 책임자인 물소 소장은 수달 부인에게 지키지도 못할 약속을 한 건방진 신참 토끼에게 화를 내며, 3일 내에 이 사건을 해결하라는 불가능한 명령을 지시합니다. 과연 주디는 3일 만에 실종된 수달과 맹수들을 찾아내고 범인들을 소탕해, 동물들의 천국인 주토피아를 다시 안전한 곳으로 만들 수 있을까요? 혹시 풋내기 경찰 주디는 맹수들의

MOVIE INFORMATION

주토피아

개봉 2016년

제작국 미국

분류 애니메이션, 모험, 가족

출연 지니퍼 굿윈(주디), 제이슨 베이트먼(닉), 샤키라(가젤) 등

연령 만 4세 이상

런닝타임 108분

틈바구니에 끼어 심한 마음의 상처만 받는 건 아닐까요?

─────────── 아빠 🧑 생각 ───────────

　주디는 어린 시절부터 경찰관이 되겠다는 꿈을 가집니다. 주변 사람들은 주디의 꿈이 현실적이지 않다고 말하지만, 그녀는 자신의 의지를 내려놓지 않고 실패와 어려움을 극복하며 결국 꿈을 이루고 맙니다. 반면 주디의 아빠는 초식 동물인 토끼가 경찰이 되는 것은 실현 불가능한 꿈이라며, 어린 시절부터 딸의 의지를 꺾습니다. 여러분이라면 과연 어떻게 하시겠습니까? 저라면 아이와 함께 운동을 하겠습니다. 자녀가 경찰관이나 운동선수 같은 꿈을 가져도 좋고, 꼭 그런 꿈이 아니더라도 괜찮습니다. 또한 경찰관이 되겠다는 꿈을 가졌다가 다른 목표가 생겨도 상관없습니다. 아빠는 자녀와 함께 운동하면서 아이의 꿈을 키우고 체력을 기르는 것은 물론 행복한 시간을 가질 수 있습니다. 특히 스포츠 활동은 어린 시절 아빠와 함께 한 놀이의 역할을 대체하면서, 아동과 청소년 그리고 성인이 되어서도 자녀와 소통할 수 있는 좋은 수단이 됩니다.

　저는 아이가 어린 시절에는 여러 가지 놀이를 했고, 지금은 놀이가 자연스럽게 운동으로 이어졌습니다. 아이가 서너 살 무렵 신문지로 공을 만들고 플라스틱 방망이를 휘두르던 야구 놀이는, 초등학교 2~3학년이 되자 글러브와 공 그리고 배트를 산 후 진짜 야구를 하게 되었습니다. 그리고 야구장에 가서 함께 응원가를 부르며 재밌는 시간을 보냈고, 5~6학년 정도 되니 캐치볼도 썩 잘 할 수 있게 되었습니다. 그리고 네발자전거를 타다가 보조바퀴를 떼어 내고 뒤에서 밀어주던 것이 엊그제 같은데, 이제 중학생이 된 아이는 자전거를 타고 금세 저를 추월해 멀찌감치 앞으로 내빼는 수준이 되었습니다. 겨울에 스키장을 가면 공부에 찌든 스트레스를 푸는 것은 물론, 둘만의 시간을 가지며 아이와 속 깊은 이야기도 나눌 수 있는 계기가 됩니다. 요즘은 문득 이런 생각을 해봅니다. 나이가 더 들어 아들이 결혼해서 손주를 낳게 되면, 아들과 그랬던 것처럼 그 아이들과 함께 야구장에 가고 자전거와 스키를 즐기며 소소한 이야기를 나누는 행복한 시간을 기대해 봅니다.

───── TIP 아빠와 함께 하는 스포츠 활동의 힘 ─────

자녀와 아빠가 함께하는 놀이와 스포츠 활동 후 일어나는 변화를 잘 보여준 KBS 스포츠 대디 프로그램(참고36)과 이를 분석한 연구(참고37)가 있습니다. 이 연구는 만 5세 유아와 아빠가 함께 참여하는 스포츠 프로그램을 2주에 한 번씩 총 6회에 걸쳐 12주간 진행했습니다. 그리고 유아가 스스로 느끼는 자아 유능감과 아이 입장에서 본 아빠의 양육 참여도 변화를 측정하고, 아빠에게도 본인의 양육 참여도 변화를 측정했습니다. 활동 후 자녀는 자신이 신체적으로 유능해지고 사회적 사건과 문제 상황에서 좀 더 나은 행동을 할 수 있다는 자신감을 얻게 되었고, 또한 아빠가 적극적으로 양육에 참여하는 부모로 변했다는 긍정적인 반응을 보입니다. 반면 아빠는 자녀와 함께 하는 시간이 다소 늘기는 했지만, 자신의 양육 참여는 그다지 변하지 않았다는 의견을 보입니다.

즉 이 연구를 보면 동일한 활동 후에 느끼는 자녀와 아빠의 반응에 상당한 차이가 있음을 알 수 있습니다. 아빠는 자녀와 놀이나 운동하는 시간이 조금 늘었지만, 전반적인 양육 측면에서 그다지 큰 변화라고 생각하지 않습니다. 반면 자녀는 아빠의 작은 변화를 통해서 자신은 유능해지고 아빠가 많이 변했다는 것을 금세 인지한다는 것입니다. 그만큼 아이들은 아빠와 함께하는 놀이와 스포츠 활동에 목말라 있으며, 그런 욕구가 충족되었을 때 아빠에 대한 생각도 긍정적으로 변화될 수 있음을 알 수 있습니다. 이 연구는 특히 스포츠 활동이 아빠가 자녀에게 좀 더 친근하게 접근할 수 있는 소통의 수단이라는 점에 주목하면서, 놀이와 스포츠를 통해 자녀와 함께하는 과정의 중요성 역시 강조합니다.

세상으로 딸을
안내하는 아빠!

<알라딘>

　　아그라바라 왕국에 사는 알라딘은 어린 시절부터 고아로 자라나, 지금은 좀도둑질로 살아가고 있지만 따뜻한 마음을 지닌 청년으로, 손버릇은 좋지 않지만 충직한 원숭이 아부와 함께 살고 있습니다. 한편 왕국의 공주 자스민은 백성들의 삶을 살피기 위해 평범한 복장으로 왕궁을 나와 시장을 돌아다니다, 빵을 보며 배고파 하는 아이들이 불쌍해 덥석 빵을 집어 줬다가 도둑으로 몰리게 됩니다. 마침 이 광경을 지켜본 알라딘이 공주를 데리고 도망쳐 가까스로 위기를 모면하고, 자스민은 빈털터리지만 따스한 맘을 가진 알라딘에게 묘한 매력을 느낍니다. 하지만 돌아가신 엄마의 유품인 팔찌가 사라진 것을 알게 된 자스민은, 보석을 노린 알라딘의 짓이라 오해하고 크게 실망해 궁전으로 돌아갑니다. 하지만 팔찌를 슬쩍 훔친 것은 알라딘이 아닌 원숭이 아부였고, 자스민을 공주의 시

녀라고 생각한 알라딘은 팔찌를 돌려주고 오해를 풀기 위해 몰래 왕궁으로 숨어듭니다. 삼엄한 경비를 뚫고 왕궁에 들어온 알라딘을 아무도 의심하지 않지만, 욕심 많은 왕국의 2인자 자바는 신출귀몰한 침입자를 주목합니다. 결국 공주를 만나 팔찌를 돌려주고 나온 알라딘은 자바에게 붙잡히고, 자바는 알라딘을 저멀리 사막에 있는 무시무시한 동굴로 데려가, 금은보화가 있는 길을 지나 높은 바위 위에 있는 램프를 가져와야만 풀어주겠다고 윽박지릅니다. 과연 램프는 어떤 물건이기에 왕국의 2인자 자바가 그렇게도 가지고 싶어 하는 걸까요? 알라딘이 자바의 말처럼 무사히 램프를 가지고 나온다면, 자유의 몸이 되어 예쁜 자스민을 다시 만날 수 있을까요?

MOVIE INFORMATION

알라딘

개봉 2019년

제작국 미국

분류 뮤지컬, 모험, 가족

출연 메나 마수드(알라딘), 나오미 스콧(자스민), 윌 스미스(지니) 등

연령 만 4세 이상

런닝타임 128분

외동딸인 자스민 공주는 나라를 다스리기 위한 지식을 갖추는 일에 게을리하지 않았고, 특히 왕국에 대한 자긍심과 국민에 대한 애틋한 애정을 지녔습니다. 하지만 술탄인 그녀의 아버지는 딸을 사랑하지만 여자라는 이유로 왕위를 넘길 수 없고, 다른 나라에서 온 왕자에게 시집가서 정치와 관련 없이 살아가라고 합니다. 그리고 그것이 여자가 지켜야 할 왕국의 법이라고 말합니다. 하지만 술탄은 법을 개정할 수 있는 권한이 있기에 자스민은 아버지의 마음을 돌리려 하지만, 완고한 술탄은 그저 공주가 결혼해서 평범하게 살기만 바랄 뿐입니다.

얼마 전 올해 초등학교에 들어간 딸이 있는 대학 후배와 식사를 했는데, 식사 중에 후배가 딸에 대한 고민을 털어놓았습니다. 딸은 아내와 친해서 하루 종일 엄마에게 껌처럼 붙어 다니지만, 아빠와 함께 있는 것은 상당히 불편해 한다고 합니다. 그래서 아빠가 쉬는 주말에도 딸은 하루 종일 엄마와 함께 다니고, 결국 아내가 지치고 힘들어지면 딸 하나 제대로 돌보지 않는다며 자신을 타박한다고 합니다. 후배는 아이가 어렸을 때부터 아내가 전적으로 돌봐서 자신은 자유 시간을 가질 수 있어 좋았지만, 어느 순간부터 집에 있으면 상당한 소외감을 느끼고 지금으로선 특별히 뭘 해야 할지 모르겠다고 합니다. 그리고 주변 사람들 말로는 딸이 자라면 엄마와 친해지는 건 당연하다고 해서, 이제는 포기하는 마음도 없지 않다고 합니다. 후배는 영아기 때는 그럭저럭 아이를 잘 보살폈다고 합니다. 하지만 딸이 유아기에 접어들면서 소꿉놀이나 역할놀이를 하려 했지만, 자신은 그렇게 놀아 주는 일이 서툴러서 도망치고 빼다 보니 지금처럼 된 것 같다고 말합니다.

아빠들은 딸이 예쁘고 순해서 드센 아들보다 키우기 수월하다고 말하지만, 정작 딸과 어떻게 놀고 관계를 맺을지 몰라 힘들어하기도 합니다. 또한 엄마가 딸이 좋아하는 역할놀이나 교육적인 그림책을 읽어주라고 하면 어쩔 수 없이 시키는 대로 하지만, 자신이 하고 싶지 않은 놀이에 부담을 느끼며 그럭저럭 시간을 때웁니다. 이후 딸이 한글을 익히고 초등학교에 입학하면 엄마의 주도에 따라 교육에 집중하고 남자아이에 비해 빠른 사춘기를 겪게 되면서, 친밀함이 부족한 아빠는 아동·청소년기의 딸과 서먹한 관계가 되고 맙니다. 그리고 어떤 아빠는 초등 고학년 딸에게 사랑한다는 말도 잘 못하고, 따뜻하게 포옹하는 것도 부담을 느낀다고 합니다. 그렇다면 과연 어떻게 해야 할까요?

—————— TIP 아빠와 딸의 놀이 방법 ——————

먼저 아빠는 딸과 놀이할 때 역할놀이나 소꿉놀이 그리고 그림책 읽기처럼 놀이의 종류를 여아가 좋아한다고 생각하는 것으로 한정할 필요는 없습니다. 왜냐하면 여자아이는 정적인 놀이만 좋아하거나 여성적인 놀이만 해야 한다는 생각은 일종의 편견입니다. 아빠는 자신이 잘 할 수 있는 놀이를 찾아 딸과 함께하면서, 아빠만이 줄 수 있는 독특한 영향력을 발휘하면 됩니다. 굳이 아빠가 흥미를 느끼지 못하는 놀이를 시간 때우기 식으로 억지로 하면, 아이에게도 재미있는 놀이가 되기 어렵습니다. 반면 시각과 청각, 언어와 감성을 자극하는 정적인 놀이는 엄마가 담당하고, 신체를 활용하고 규칙을 지키며 자신을 조절하는 동적인 놀이를 아빠와 즐긴다면, 딸아이는 놀이를 통해 다양한 자극을 받을 수 있습니다. 또한 아빠와 함께하는 놀이 과정 속에서 긍정적인 남성의 롤모델을 경험하고, 건강한 여성의 정체성을 키우며 조화롭게 성장할 수 있습니다. 단 여자아이는 남자아이에 비해 예민하고 정서적인 특징을 갖고 있어서, 놀이를 하면서 반응적이고 정서적인 교감에 관심을 기울이면 좀 더 긍정적인 상호 작용이 될 수 있습니다.

아빠는 가정과 사회를 연결하는 통로이자 문이라고 합니다. 전통적인 성역할에 매이지 않고 자녀에게 친근함을 표현하는 아빠의 양육 속에서 자란 딸들은, 높은 성취 동기와 긍정적인 자존감을 가집니다. 우리 딸들이 건강한 정체성을 갖고 당당히 세상으로 나갈 수 있도록, 아빠 역시 건강한 본보기와 안내자가 되어야 하겠습니다.

Chapter 5
꿈과 재능 그리고 경험

꿈과 재능 그리고 경험

저는 아들이 초등학생 때 공부만 강조하지는 않았습니다. 초등학생 시기는 많이 놀고 다양한 경험을 쌓는 것이 중요하다고 생각해서, 주말마다 그렇게 실천하려고 노력했습니다. 초등학교 고학년이 되자 아내는 너무 아이를 풀어준다고 걱정했지만, 아내와 협의하면서 기존의 패턴을 유지했습니다. 다행히 아이는 초등학생 시절은 물론 중학교에 가서도 친구들과 잘 어울리는 사회성 좋은 아이로 성장했고, 지금도 저와 좋은 관계를 이어가고 있습니다. 그사이 아이의 꿈은 요리사에서 회사원 그리고 선생님으로 바뀌었고, 중학생이 된 지금 여전히 고민 중입니다. 저는 아이에게 어떤 재능이 있는지 고민하던 차에, 아이가 중학교에 입학하면서 '학부모 진로 교육 지원단 양성 연수' 프로그램이 있어서, 40시간의 인터넷 교육에 참여했습니다. 별도로 노트를 구입해 교육 내용을 꼼꼼히 듣고 적어가면서 알게 된 것은, 진로 교육의 주체는 바로 자녀라는 것입니다. 부모는 자녀 스스로 자신의 적성을 파악해 진로를 찾고 준비할 수 있도록 돕는 보조적인 역할을 해야 한다는 것이었습니다.

하지만 연수를 받은 후 얼마 지나지 않아 집안에 잠시 찬바람이 부는 일이 생겼습니다. 서울시에 있는 중학교는 1학년 동안 자유 학년제를 실시하면서 현장 체험 중심의 참여 수업을 진행하고, 학생의 적성과 소질을 찾는 기회를 갖고 있습니다. 그래서 1학년은 시험을 보지 않지만 학교장 재량으로 1년에 한 번 시험이 허용되고, 아이가 다니는 학교는 그 시험을 1학기 기말고사로 연초에 공지했습니다. 그렇게 기말고사가 진행됐고 여름 방학과 함께 등급이 표시된 성적표가 나왔습니다. 물론 아이가 그런 큰 시험을 겪어 보지 못해서 경험이 부족한 점은 이해하지만, 옆에서 시험 준비 과정을 지켜본 저는 무엇보다 아이의 태도가 성실하지 않았다는 생각이 들었습니다. 그리고 결과 역시 그다지 좋지 않았습니다. 결국 난리가 한 번 났고 저도 간만에 아이에게 꾸지람을 좀 했습니다. 반면 아내는 아이의 초등학교 시절에 제가 데리고 다니며 놀기만 했다고 저를 쏘아붙였습니다. 나름 저는 교육에 대한 철학을 갖고 행동했지만 이런 결과를 보게 되니 좀 씁쓸했습니다.

아이는 간만에 화를 낸 아빠의 눈치를 조금 살피긴 했지만, 오랫동안 다져진 끈끈한 부자 관계는 이후 특별한 이상이 없었습니다. 아이와 학습에 대해 진지한 대화를 나눠 보니, 많은 아이들처럼 제 아이도 공부를 잘 하고 싶지만 공부 방법을 잘 모르고 자신감이 부족했습니다. 다행스러운 것은 이 일을 계기로 아이 스스로 자신의 부족한 점을 각성하고 꾸준히 노력하고 있다는 점입니다. 아들은 아직 자신의 꿈에 대해 구체적이지는 않지만, 차분히 공부하면서 진로를 선택하겠다고 합니다. 나름 늦은 시간까지 열심히 공부하는 모습이 안쓰럽기도 하지만, 저는 편의점에 함께 가서 아이스크림을 사 먹고 어깨도 두들겨 주면서 아이에게 애정을 보여줍니다.

지금 생각해 보면 초등학생 시기에 열심히 노는 것이 분명 중요하지만, 아이의 학업에도 관심을 좀 더 갖고 아동기 과업인 근면성을 키워줬으면 좋았겠다는 생각도 듭니다. 하지만 그 시절 저와 아내는 아이를 그냥 방치하지 않았고, 놀이와 여행은 물론 독서 습관을 키우고 다양한 사람을 만나며 경험을 쌓을 수 있도록 노력했습니다. 그렇게 함께한 시간이 있기에 아이는 사회성 좋고 안정된 정서를 지닌 사람으로 잘 성장하고 있습니다. 중학생이 된 아이는 앞으로 자신의 적성과 재능을 찾아 스스로 진로를 잘 개척해 나가리라 믿습니다. 물론 저 역시 아이에게 관심의 끈을 놓지 않고, 재능을 찾고 진로를 계획할 수 있도록 옆에서 지원하는 역할을 충실히 해 나갈 것입니다.

관점이 달라지면
보이는 재능

〈겨울왕국〉

엘사는 눈과 얼음을 마음대로 조정할 수 있는 특별한 능력을 갖고 태어났지만, 어린 시절 동생 안나와 함께 놀다가 동생이 심하게 다친 후 큰 자책감을 느끼게 됩니다. 엘사는 자신의 특별한 능력이 오히려 사람을 다치게 하고 해를 입히는 도구가 될까 두려워, 일체의 바깥 출입은 물론 아무도 만나지 않은 채 궁전의 어두컴컴한 방에서 외톨이로 살아갑니다. 엎친 데 덮친 격으로 자매의 부모인 왕과 왕비가 배를 탔다가 폭풍우 속에서 침몰하는 사고로 죽게 되자, 이제 두 자매는 의지할 곳 없는 고아가 되고 맙니다. 동생 안나는 아빠와 엄마가 없는 외로움에 떨며 언니의 방 앞에서 함께 놀자고 외쳐 보지만, 마음의 문을 열지 못하는 엘사는 결국 밖으로 나오지 않습니다. 시간이 흘러 은둔 생활로 일관하던 엘사가 드디어 왕국의 여왕으로 즉위하겠다며 대관식을 준비하기 시작하자, 왕국은 축

제 분위기로 술렁이고 주변 나라에서도 여왕을 위한 축하 사절단을 보냅니다. 과연 자신의 숨겨진 능력을 감추고 은둔 생활만 했던 엘사는 대관식을 계기로 왕국을 잘 다스리는 여왕이 될 수 있을까요? 그리고 오랜 기간 동안 서로의 얼굴도 제대로 보지 못한 엘사와 안나는 서먹한 관계를 극복하고 잘 지낼 수 있을까요?

 아빠 생각

엘사는 눈과 얼음을 다룰 수 있는 특별한 능력이 있지만, 어떤 사람들은 그런 엘사를 보고 괴물이라고 말하기도 합니다. 사람에게는 다양한 능력이 있고 다른 사람에 비해 좀 더 많은 능력을 가진 부분도 있고, 반면 조금 부족한 면도 있습니다. 한때 지능을 숫자로 표시하는 IQ(Intelligence

MOVIE INFORMATION

겨울왕국

개봉 2014년
제작국 미국
분류 애니메이션, 뮤지컬, 판타지
출연 이디나 멘젤(엘사, 언니), 크리스틴 벨(안나, 동생) 등
연령 만 4세 이상
런닝타임 108분

Quotient)가 사람의 재능을 전부 대변하는 것으로 여겨지던 때가 있었습니다. 물론 지금도 IQ는 인지적 지능을 나타내는 중요한 기준이 되고 있지만, 우리 아이들은 지능 외에도 다양한 능력을 갖고 있습니다.

중학교에 들어간 아이가 입학한지 얼마 지나지 않아, 학교에서 진행한 청소년 흥미 적성 검사표를 보여 주었습니다. 이 검사는 학생의 흥미 유형을 크게 현실형, 탐구형, 예술형, 사회형, 진취형, 관습형의 6가지로 구분하는데, 제 아이는 사회형이 매우 높고 진취형과 관습형도 높은 것으로 나타나 평소 제가 생각하던 아이의 특성과 어느 정도 일치했습니다. 그리고 이 방향으로 아이의 적성이 계속 개발되면, 추후 어떤 분야에서 일하는 것이 좋을지에 대한 직업적 제안도 분석되어 있었습니다. 이러한 검사는 학생들의 진로와 흥미 등을 확인하기 위해, 초등학생은 물론 중학생, 고등학생 시기도 꾸준히 진행됩니다. 아빠들은 자녀의 재능과 흥미에 관심이 많을 겁니다. 자녀가 초등학교 입학 후 이런 검사를 받게 되면 검사 내용을 꼼꼼히 살펴보며 아이의 재능에 대해 고민해 보고, 자녀가 성장할 때마다 어떤 변화가 있는지 지속적으로 관심을 갖는 것도 의미가 있을 것입니다.

──────── **TIP 하워드 가드너의 다중지능이론** ────────

하버드대학의 하워드 가드너(Howard Gardner) 교수는 인지적 지능을 숫자로 표시하는 방식(IQ)이 인간 능력의 전부이고 불변의 가치처럼 여기는 것에서 벗어나, 아이들이 다양한 재능을 지닌 존재임을 강조하는 다중지능이론(Multiple Intelligence Theory)을 주장합니다(참고38). 이 이론에서 지능은 ①언어 ②음악 ③공간 ④신체 운동 ⑤논리/수학 ⑥대인 관계 ⑦자기 이해 ⑧자연 탐구의 8가지 재능으로 구분합니다. 이러한 8가지 지능을 모든 사람이 갖고 있지만, 사람마다 그 능력을 가진 정도에는 차이가 있습니다. 따라서 사람들은 자신의 인생을 살아가면서 강점 지능은 좀 더 강화하고 약점 지능은 보완하면서, 자신만의 개성을 갖고 조화롭게 살아가는 지혜가 필요합니다.

저는 다중지능이론을 접하고 인간의 재능을 정의하는 관점과 통찰력이 뛰어나다는 생각이 들었습니다. 사실 제 자신도 이전에는 사람의 능력을 인지 능력 한 가지로 표시하는 것이 당연하다는 생각을 갖고 있었습니다. 하지만 다중지능이론을 접하고 보니 아직까지 별생각 없이 받아들였던 IQ라는 개념이, 지나치게 단순하고 심지어 무모하다는 생각마저 들었습니다. 반면 아이의 다양한 재능을 어떻게 표현해야 할지 잘 몰랐는데, 다중지능이론을 통해 생각해 보니 '이런 것도 지능이 될 수 있구나!'라는 새로운 관점을 가질 수 있었습니다. 이런 유연한 기준으로 아이를 바라보니, 아이를 좀 더 이해하고 칭찬할 것도 많아졌고 제 자신도 성찰할 수 있는 기준이 되었습니다. 다중지능이론을 접하면서 아빠는 자녀의 지식만 키워주는 사람이 아니라, 조화로운 인간으로 양육하기 위해 다양한 역할을 해야 한다는 것을 새삼 깨닫게 하는 의미 있는 잣대라는 생각이 됩니다.

아이 스스로
갖는 꿈

〈라따뚜이〉

'라따뚜이(Ratatouille)'는 프랑스어로 두 가지 의미를 가지고 있다고 합니다. 첫째는 프로방스 지방의 제철 채소로 만든 소박한 스튜를 말하고, 또 하나는 '쥐(Rat)'와 '휘젓다/요리하다(Tatouille)'라는 말이 합쳐져 '쥐가 요리한다'는 뜻입니다. 주인공 레미는 요리를 잘 하는 쥐로, 파리 근처에 있는 어느 할머니의 농장에서 가족 그리고 이웃 쥐들과 함께 평화롭게 살고 있습니다. 다른 쥐들은 할머니 농장에서 키워진 농작물을 훔쳐먹기 바쁘지만, 레미는 할머니가 있는 거실로 숨어들어 세계적인 요리사인 구스토의 방송을 보며 셰프를 꿈꿉니다. 어느 날 레미는 평소처럼 거실에 들어갔다가 할머니와 마주치게 되고, 쥐를 보고 깜짝 놀란 할머니에 쫓겨 도망치다가 결국 하수구에 빠지게 됩니다. 레미는 물살에 휩쓸려 죽을 고비를 넘기다 파리로 흘러 들어가고, 하수구를 겨우 빠져나와 정신을 차린 레미의 눈앞에 운명처럼 요리사 구스토가 운영하는 식당이 보입니다. 하지만 더러운 쥐가 유명 식당에서 일한다는 것은 있을 수 없는 상황에서, 레미는 요리사가 되고 싶지만 요리 실력이 터무니없는 청년 링귀니를 만나게 됩니다. 요리사가 되고 싶지만 더러운 쥐라고 무시받는 레미와 선량한 마음을 가졌지만 요리 실력이 부족한 링귀니가 구스토식당에서 만났을 때 과연 어떤 일들이 벌어질까요?

아빠 생각

라따뚜이는 꿈에 대한 영화입니다. 레미의 가족과 이웃은 그가 요리사가 되고 싶다고 할 때 터무니없는 일이라고 말리지만, 정작 레미는 결코 포기하지 않고 자신의 재능을 믿고 꾸준히 노력합니다. 하지만 꿈이란 것

MOVIE INFORMATION

라따뚜이

개봉 2007년

제작국 미국

분류 애니메이션, 가족, 모험

출연 패튼 오스왈트(레미), 루 로마노(링귀니), 브래드 거렛(구스토) 등

연령 만 4세 이상

런닝타임 115분

이 유아나 아동기에 명확히 정해지는 것이 아니며, 사실 대학생을 지나 성인이 되어서도 방향성이 달라지는 경우가 적지 않습니다. 중년이 지난 분들도 살면서 자신의 꿈이 무엇인지 잘 모르겠다고 말하기도 하고, 꿈에 대해서 곰곰이 생각해 보는 기회를 갖지 못했다는 경우도 있습니다. 과연 꿈은 어떻게 생기는 것이고 아빠로서 자녀를 어떻게 도울 수 있을까요?

  대학생 시절 같은 서클에서 활동했던 동기가 기억납니다. 이 친구는 지금 하는 일이 대학을 다닐 때 자신이 원하던 분야는 아니었지만, 성실하게 맡겨진 일을 열심히 하다 보니 어느새 잘 하게 되었다고 합니다. 그렇게 주위의 인정을 받고 자신도 그 일이 재미있고 가치를 느끼게 되면서, 지금은 그 일이 자신의 천직이라는 생각이 들고, 이제는 해외의 유명 인명 사전에 오를 정도로 최고의 전문가로 인정받고 있습니다. 아마도 라따뚜이 역시 그랬을 것입니다. 자신의 꿈이 무엇인지 몰라 헤매다가 요리사가 되겠다고 결심했지만, 흔들리고 또 흔들리는 것을 반복하지 않았을까요? 라따뚜이는 그런 숱한 과정을 겪으며 본인 스스로 결정한 꿈을 위해 성실하게 노력하고 성공과 실패를 거듭했을 것입니다. 우리 아이들도 아마 그럴 것입니다. 흔들리는 자녀의 마음을 타박하기보다는, 자녀의 이야기를 경청하고 믿어 주는 그런 아빠의 모습이 필요하지 않을까요?

─────── **TIP 아동 중심의 자연주의 교육 철학** ───────

  1762년 출간된 사회계약론을 저술해 프랑스 대혁명(1789년)의 이론적 기초를 제공한 루소(Jean Jacques Rousseau)는, 같은 해 발표한 교육 소설 에밀을 통해 자연주의 교육을 주장합니다. 자연주의 교육이란 인간이 태어날 때부터 타고난 본성을 자연스럽게 발달시키는 것으로, 아동의 정신 발달은 환경에 의한 영향보다 자연의 순리에 따라야 함을 강조합니다. 루소 이전에는 교사의 주도적 역할과 조기 교육 등 환경의 영향을 강조한 반면, 루소는 아동이 수동적 학습자가 아니며 교육의 주체임을 강조합니다. 따라서 아동의 특성을 반영해 흥미와 욕구를 채우는 교육이 필요하며, 발달에 맞지 않는 주입식 교육을 비판합니다. 하지만 루소는 이러한 아동 중심의 자연주의 교육 철학이 마치 아무 것도 하지 않고 아동을 방치하는 것처럼 여겨지는 것을 경계하고, 부지런한 연습과 습관 형성을 통해 능력을 개발하고 신체와 정신 발달의 조화를 강조합니다. 이러한 루소의 자연주의, 아동 중심 교육 철학은 추후 페스탈로치(Pestalozzi), 프뢰벨(Fröbel), 듀이(Dewey) 등 현대 교육의 초석을 쌓은 학자들에게 큰 영향을 미쳤고 지금도 역시 그렇습니다.

하지만 아빠들이 생각하는 자녀에 대한 교육 철학은 어떻고, 우리나라의 교육 현실에 대해 어떻게 생각하시나요? 예전보다 조금 나아진 면이 있겠지만, 여전히 책상에 앉아 밤 늦게까지 잠도 제대로 못 자는 아이를 보면 안쓰럽고 미안한 마음도 듭니다. 또한 평소에는 자녀의 미래와 재능에 대해 고민하지만, 아이의 시험이 가까워 오고 성적표가 나올 때면 금세 점수에 일희일비하는 제 모습이 창피하기도 합니다. 아마 앞으로도 저는 부모로서 갖는 대범한 시각과 함께, 학부모라는 현실적인 모습 사이에서 많은 고민을 하지 않을까 생각합니다. 하지만 루소의 주장처럼 우리 아이는 학습과 인생에서 수동적인 사람이 아닌 능동적인 주체임을 인정하고, 아이의 본성과 재능을 찾아 꿈을 펼칠 수 있도록 도와주는, 아빠의 역할을 잘 할 수 있길 다시 한 번 다짐해 봅니다.

아빠라는 인생의 사다리

〈제인구달〉

   이 영화는 침팬지 연구자이자 환경 운동가로 자신의 꿈을 향해 한 걸음 한 걸음 나아간 제인구달의 일생을 다룬 다큐멘터리 영화입니다. 호기심 많고 동물을 좋아했던 제인은 어린 시절부터 아프리카에서 동물을 연구하고 싶다는 꿈이 있었습니다. 하지만 가정 형편이 넉넉하지 못해 대학에 진학할 수 없었고, 대신 비서가 되면 아프리카에서도 일할 수 있다는 생각에 비서 학교에 입학하고, 결국 그녀는 스물세 살에 꿈을 이루기 위해 아프리카로 떠납니다. 하지만 대학 졸업장이 없는 그녀에게 동물 연구의 기회가 쉽게 찾아 오지 않았지만, 스승이자 은인인 리키박사를 만나 드디어 침팬지 연구를 할 수 있게 됩니다. 하지만 제인이 떠나야 할 곳은 탄자니아의 오지인 곰베였고, 혼자서 갈 수 없는 위험한 길을 그녀의 어머니가 조수로 함께 동행합니다. 이들과 함께 곰베로 가는 현지인들은 침팬지를 연구하겠다는 두 여인이 얼마 버티지 못하고 고국으로 떠날 것이라고 생각합니다. 과연 제인은 자신이 원하던 꿈이지만 곰베에서의 외롭고 위험한 침팬지 연구를 잘 해낼 수 있을까요? 그리고 그녀는 침팬지 연구와 세계적인 환경 운동가로서의 삶을 어떻게 헤쳐 나갈 수 있었을까요?

우리가 잘 알고 있는 에디슨 이야기를 해볼까 합니다. 어린 시절 에디슨은 호기심 많은 아이로, 병아리를 부화시키기 위해 헛간에서 계란을 품었다는 일화는 너무도 유명합니다. 반면 학교에서 그를 바라보는 시선은 문제아와 낙제생 같은 부정적인 이미지로, 학교에 정상적으로 다니기 어려운 상황이었죠. 하지만 그에게는 어머니가 있었습니다. 평상시 자녀의

제인구달

개봉 2014년
제작국 독일, 탄자니아 합중국
분류 다큐멘터리
출연 제인 구달, 안젤리나 졸리 등
연령 초등학생 이상
런닝타임 111분

기질과 재능을 꾸준히 살핀 에디슨의 어머니는, 아이가 힘겹게 학교 다니는 것을 과감히 접고 직접 아들을 가르칩니다. 에디슨의 엉뚱한 질문을 외면하지 않고 백과사전을 뒤져 답을 찾으며, 자신이 할 수 있는 최선의 방법으로 아들을 가르쳐 인재로 길러냅니다.

제인 구달에게도 그런 어머니가 있었습니다. 어린 시절 제인은 닭이 어떻게 알을 낳는지 관찰하기 위해 닭장에 다섯 시간이나 있을 정도로 궁금한 것이 많았습니다. 그녀의 어머니는 어린 시절부터 동물을 사랑하고 언젠가 아프리카에 가고 싶다는 딸의 이야기를 허투루 흘려 듣지 않았습니다. 하지만 막상 자신의 딸이 온갖 위험이 예상되는 아프리카로 가겠다고 했을 때, 과연 제인의 어머니는 어떤 생각을 했을까요? 또한 제인이 침팬지 연구를 하기 위해 오지 중의 오지인 곰베로 혼자 떠나겠다고 할 때는 어떤 마음이었을까요? 평소 자녀의 성격과 재능을 잘 알고 있던 어머니지만, 아마도 많은 생각이 들었을 겁니다. 하지만 그녀의 어머니는 딸의 재능과 발전을 위해 험한 길을 허락했을 뿐 아니라, 직접 딸의 조수가 되어 함께 위험을 감수하는 일도 마다하지 않습니다. 그런 어머니의 관심과 헌신이 있었기에, 제인 구달은 연구자로서 새로운 삶을 시작할 수 있었고 세상을 변화시키는 사람이 될 수 있는 결정적인 계기가 되었습니다.

──────── TIP 비고츠키의 사회문화적 이론

구 소련 출신 교육 심리학자 비고츠키는 인간의 인지, 언어, 사회적 발달은 사회 문화적 환경과 상호 작용하는 가운데 진행되며, 모두가 동일한 발달 단계를 겪는 것이 아니라 개인별로 독특한 과정을 거치게 된다고 말합니다(참고39). 특히 비고츠키는 아이가 당장은 혼자서 문제를 해결할 수 없지만, 성인이나 능력 있는 또래의 도움이 있으면 충분히 해낼 수 있는 영역이 있는 것에 주목하는데, 이를 '근접발달영역(Zone of Proximal Development)'이라고 말합니다. 이 근접발달영역에서 성인이나 능력 있는 또래는 다양한 상호 작용을 통해서 해당 아이를 도울 수 있는데, 마치 건축물을 지을 때 위층으로 올라가기 위해 만든 임시 사다리같은 역할(비계설정, Scaffolding)을 한다고 말합니다.

이러한 근접발달영역에서 자녀와 상호 작용을 하며 사다리 역할을 하는 가장 중요한 사람 중 한 명이 바로 아빠입니다. 물론 자녀가 성장하면서 유치원이나 학교 선생님, 조부모, 주변의 어른이나 또래 등 다양한 사람들과 영향을 주고받을 수 있지만, 부모의 사다리 역할이 자녀의 발달에 미치는 영향은 매우 중요합니다. 만약 에디슨과 제인구달의 호기심을 어머니가 터부시했다면, 이들의 빛나는 재능도 꽃피우기 어려웠을 것입니다. 이처럼 아빠는 자녀의 인생에서 중요한 사다리 역할을 할 수 있지만, 반면 사다리가 제대로 준비되지 못했을 때 우리 아이는 현재의 능력에 한정된 안타까운 삶을 살 수도 있습니다.

자녀 스스로
해야 할 일
〈오즈의 마법사〉

    캔사스의 한 농장에 살고 있는 소녀 도로시는 토토라는 예쁜 애완견을 키우고 있습니다. 어느 날 토토가 이웃집에 사는 성질 괴팍한 여자의 다리를 물어 경찰서에 보내져야 하는 상황이 되자, 도로시는 불쌍한 토토에게 혹시라도 무슨 일이 생기지 않을까 마음이 심란합니다. 고민에 고민을 거듭한 도로시는 결국 토토와 함께 가출을 결행하지만, 얼마 가지 못해 가족이 그리워 집으로 발길을 돌립니다. 하지만 그녀가 집에 거의 다다랐을 때 커다란 회오리 바람을 만나게 되고, 가까스로 집안으로 몸을 피했지만 회오리 바람에 집이 통째로 날아가 버립니다. 한참 동안 하늘을 날아가던 집이 "쿵" 소리와 함께 떨어진 곳은 작은 요정들이 사는 먼치킨이란 곳인데, 우연히 하늘에서 떨어진 집 아래 못된 동쪽 마녀가 깔려 죽습니다. 도로시는 그곳 사람들에게 캔사스 집으로 돌아가는 방법을 물어보지만, 요정들은 오직 에메랄드시에 있는 오즈의 마법사만이 그 해답을 알고 있다고 말합니다. 아직 나이가 어리고 세상 물정을 모르는 소녀 도로시는 과연 오즈의 마법사를 만나 캔사스 농장으로 무사히 돌아갈 수 있을까요?

아빠 생각

영화 속 주인공들은 살아가면서 자신에게 무언가 부족함이 있다는 것을 느낍니다. 허수아비는 지혜가 없고, 양철나무꾼은 따뜻한 마음 그리고 사자는 진정한 용기가 부족하다고 생각합니다. 결국 이들은 자신이 그토록 원하는 것을 얻을 수 있는 방법은 오직 오즈의 마법사를 만나는 것 뿐이며, 그에게 소원을 빌면 선물로 받을 수 있다고 생각합니다.

MOVIE INFORMATION

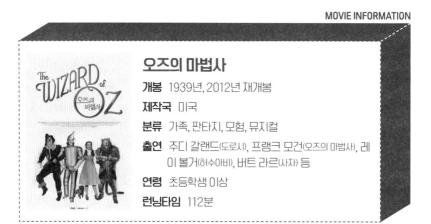

오즈의 마법사

개봉 1939년, 2012년 재개봉

제작국 미국

분류 가족, 판타지, 모험, 뮤지컬

출연 주디 갈랜드(도로시), 프랭크 모건(오즈의 마법사), 레이 볼거(허수아비), 버트 라르(사자) 등

연령 초등학생 이상

런닝타임 112분

요즘 저와 아들은 주말에 가끔 한강으로 나가 자전거를 타곤 합니다. 지금 아이는 한 손으로 자전거를 타고 가끔 평지에서는 두 손을 놓기도 하며 묘기를 부립니다. 하지만 아이가 처음 네발자전거의 뒷바퀴를 떼고 두 바퀴로 자전거를 탈 땐, 저에게 뒤를 꽉 잡아 달라며 신신당부했던 것이 바로 어제 같습니다. 그렇게 뒤를 잡아주고 타는 것에 조금 적응하나 싶더니 아이는 금세 자전거를 혼자 타겠다며 끙끙댔고, 몇 번이고 넘어지기를 반복하다가 어느새 쌩쌩 달리게 되었습니다. 사실 아이는 자전거 타는 방법을 뚝딱 누군가로부터 선물 받은 것이 아닙니다. 한두 살 때는 발로 미는 자동차를 그렇게 굴려 댔고, 서너 살 되어서는 세발자전거로 놀이터를 누볐으며, 좀 더 커서는 네발자전거로 충분한 실력을 쌓은 후 두발자전거에 도전했던 것입니다. 처음 두발자전거를 탈 때 아이는 많이 두려웠을지 모르지만, 그런 마음을 극복하고 실패와 성공을 거듭하며 성취감도 느꼈을 것입니다. 비록 저는 아이 대신 자전거를 타줄 수는 없지만, 아이 뒤에서 밀어주고 격려하며 안전하게 자전거를 배울 수 있도록 정서적, 신체적 지원을 한 것입니다. 도로시, 허수아비, 양철나무꾼 그리고 사자 역시 자신들이 원하는 것을 오즈의 마법사가 아닌 스스로의 힘으로 얻어야만 했습니다. 다만 그들에게 좀 더 다양한 경험을 쌓고 격려해 주는 아빠가 있었다면, 그들의 삶이 더 행복하지 않았을까 생각해 봅니다.

TIP 경험을 통한 교육

사람이 자신이 겪은 경험을 통해서 지식을 배우고 새로운 의미를 만들어 가는 것을 '구성주의(Constructivism) 교육'이라고 말합니다. 즉 우리 아이들도 나름의 지식을 키우고 의미를 만들어 가기 위해서는, 누구도 대신해 줄 수 없는 자신만의 경험이 선행돼야 함을 말합니다.

저는 아이가 어렸을 때 힘겹게 숟가락질하는 녀석을 보며 밥을 대신 떠먹여 주거나, 서툰 가위질을 대신하려 했습니다. 하지만 그때마다 아들은 "내가, 내가 할거야!"를 연발하며 끝까지 혼자 하겠다고 고집을 피웠습니다. 당시 아이는 구성주의 교육이란 말을 알지 못했지만 스스로 그 의미를 실천했고, 반대로 저는 그냥 지켜봐 주면 될 것을 안쓰러운 마음에 자꾸 도와주려 했습니다. 자녀의 인생은 본인 스스로 살아가야 하며, 아빠는 자녀를 키우며 그들의 자율성과 주도성을 존중해 주어야 합니다. 혹시 우리 아이들이 나이를 들어가면서 "나 못해요, 안 해 봤어요. 아빠가 대신해 주세요."라는 말을 연발한다면, 아빠의 모습을 되돌아볼 필요가 있습니다. 아이들은 실패와 성공을 통해 지식과 의미를 스스로 만들어갈 것이며, 아빠의 몫은 자녀가 다양한 경험을 할 수 있도록 기회를 주고 격려하는 것입니다.

지식과 정서를 나누는 박물관

〈박물관이 살아있다〉

래리는 사업 실패 후 아내와 이혼을 했지만, 10살 된 아들의 아버지 역할은 잘 하고 싶어합니다. 하지만 양육권을 가진 아내는 안정된 직장이 없고 가난한 래리가 아들과 함께 지내는 것을 꺼립니다. 래리는 아이와 보낼 수 있는 시간을 갖기 위해서 반드시 안정된 직장을 가져야 하기에, 직업 상담소의 도움을 받아 자연사 박물관 야간 경비직으로 일하게 됩니다. 래리가 일을 시작하면서 한꺼번에 퇴직하게 된 세 명의 나이 많은 전임자들은 이해할 수 없는 몇 마디 충고를 남기고, 후련하다는 듯 박물관을 떠납니다. 이제 래리는 어쩔 수 없이 아무도 없는 박물관에서 첫날밤을 보내게 되고, 노래를 부르고 장난도 치다가 깜빡 잠이 듭니다. 하지만 이상한 소리를 듣고 눈을 떠보니 뼈대만 있는 티라노사우루스가 박물관을 쿵쾅대며 뛰어다니고, 어느새 전시물들이 하나둘 살아서 움직이기 시작합니다. 과연 래리는 지금 꿈을 꾸고 있는 건 아닐까요? 그는 이런 황당한 박물관에서 제대로 야간 경비직으로 일하며, 아들과 즐거운 시간을 가질 수 있을까요?

아빠 생각

아이가 다섯 살 때 처음 용산에 있는 국립 중앙 박물관에 가보았습니다. 당시 아들은 한글도 모르고 역사에 대한 관심이 없던 때였는데, 제 생각에 새로운 것을 아이에게 보여 주고 싶은 마음이 있었나 봅니다. 하지만 한 시간쯤 데리고 다녀 보니 아이가 너무 힘들어 해서, 재빨리 중앙 박물관을 빠져나와 옆에 있는 전쟁 기념관에서 비행기와 탱크를 실컷 구경했습니다. 이후로는 그맘때 아이들의 눈과 귀를 사로잡을 수 있는 과

MOVIE INFORMATION

박물관이 살아있다

개봉 2006년
제작국 미국, 영국
분류 가족, 모험, 판타지
출연 벤 스틸러(래리), 로빈 윌리암스(루즈벨트) 등
연령 초등학생 이상
런닝타임 108분

학 박물관이나 자연사 박물관 또는 동물원 같은 곳을 열심히 다녔습니다. 그렇게 아이가 초등학교 1~2학년을 지나 3학년이 돼서 다시 국립 중앙 박물관에 갔더니, 시간 가는 줄 모르고 역사 속으로 빠져들었습니다. 이제는 굳이 아빠가 설명하지 않아도 자기가 책으로 읽었던 것을 눈으로 직접 확인하느라 바빴고, 저는 그냥 아이 발걸음에 맞춰 따라다니기만 해도 괜찮았습니다. 아이가 좀 더 커서 길을 잃어버릴 염려가 없어졌을 땐 아이 혼자 알아서 박물관을 돌아다니게 했고, 저는 박물관 한쪽 구석에서 꾸벅꾸벅 졸며 부족한 잠을 보충하기도 했습니다. 그리고 한참 시간이 지나 아이가 돌아와서 저를 깨우면, 저는 그저 종달새처럼 재잘대는 아이와 눈을 맞추고 맞장구를 치며 진지하게 이야기를 들어주었습니다.

　박물관은 아이가 자유롭게 호기심을 충족하면서, 아빠와 지적이고 정서적인 소통을 할 수 있는 멋진 놀이터라고 생각합니다. 게다가 바쁜 직장 생활로 피곤함에 찌들어 있던 저에게 부족한 잠을 채울 수 있는 공간으로도 좋았습니다. 저와 아이는 여행을 할 때면 굳이 큰 박물관이 아니더라도 여행지 근처 박물관 관람을 일정으로 잡았고, 때론 차를 타고 가다가 우연히 박물관 표지판을 발견하면 자연스럽게 차를 세워 현지 박물관을 구경하며 행복한 추억을 쌓았습니다.

TIP 박물관을 즐겁게 관람하는 방법

① 자녀의 흥미와 발달에 맞는 박물관 가기

박물관은 아이에게 억지로 지식을 밀어 넣는 곳이 아니라 자녀가 흥미를 느끼고 발달에 적정한 곳을 관람할 때, 자녀와 아빠 모두 즐거운 공간이 될 수 있습니다. 우리나라는 곳곳에 박물관이 적지 않고 유아나 초등 저학년들이 관람하기 좋은 곳이 많습니다. 인터넷이나 책을 통해 먼저 갈 만한 곳을 확인하고 움직이면, 박물관은 자녀에게 신나는 놀이터가 될 수 있습니다.

② 사전 계획과 공감

가고자 하는 박물관을 정했다면, 이번에는 박물관으로 몇 시에 출발하고, 어떤 교통 수단을 사용하며, 점심은 무엇을 먹고, 언제쯤 돌아올지 자녀와 함께 계획을 짜고 공감하는 것도 재미있는 과정입니다. 너무 타이트한 계획보다는 조금 느슨하게 일정으로 잡고, 현장 상황을 충분히 반영하며 체력적인 부담을 줄이도록 합니다.

③ 주도권은 자녀에게, 주의 사항은 사전에

꼭 관람해야 할 것은 최소한으로 한정하고 관람의 주도권을 자녀에게 맡겨 이동 동선을 결정할 때 자녀의 의견을 충분히 반영하고 현장 상황을 고려합니다. 만약 이전에 관람했을 때 반복적으로 발생한 소소한 문제가 있다면, 관람 전에 자녀에게 설명하고 공감하면 갈등을 예방하거나 최소화할 수 있습니다. 예를 들어 지난 번 박물관 관람 시 자녀가 시끄럽게 뛰어다녔다면, 이번에는 관람 전에 뛰는 것은 다른 사람에게 피해가 될 수 있음을 잘 설명하고 조심할 것을 약속하면, 완벽하지는 않지만 스스로 약속을 지키기 위해 노력하는 아이의 모습을 볼 수 있을 것입니다.

④ 자녀와 소통하는 시간

놀이는 아빠와 자녀가 소통하는 중요한 수단이지만, 박물관 관람과 여행도 좋은 소통의 수단입니다. 따라서 박물관에서 지적 호기심만 강조하다 보면 자칫 소통이라는 더 중요한 목표를 놓칠 수 있습니다. 하나라도 더 가르치려는 마음은 조금 내려놓고, 자녀의 이야기를 잘 듣고 대화를 나누면 긍정적 관계를 쌓아가는 좋은 기회가 될 수 있습니다.

⑤ 하루 동안 박물관을 다 보겠다는 욕심 버리기

어떤 아빠는 하루에 박물관을 다 보겠다는 생각을 가진 분들이 있는데, 한두 시간이면 충분히 둘러볼 수 있는 곳도 있지만, 넉넉한 시간을 두고 자세히 봐야 즐길 수 있는 박물관도 있습니다. 상황에 따라 욕심을 조금 버리고 다음 기회를 기약하는 것도 괜찮습니다. 또한 어린이들의 흥미 유발을 위해 스탬프 찍기를 하는 곳도 있는데, 여기에 너무 집착하다 보면 체력 소진은 물론 의도치 않게 짜증스러운 공부가 되기도 합니다. 자녀의 몸 상태를 확인하고 내일 일정도 고려해 적당한 휴식을 취하고 간식도 먹으며 즐겁게 관람하는 것이 필요합니다. 교통 상황을 고려해 아침 일찍 움직이는 것도 괜찮지만, 가족 특히 자녀의 컨디션을 고려해 적정한 출발 시간을 잡고 일정을 조절하는 것도 중요합니다.

Chapter 6
부부 공동육아

Chapter 6 부부 공동육아

초등학교 2학년 남자아이가 있는 한 아빠와 고민을 나눈 적이 있습니다. 꼼꼼한 성격의 이 아빠는 아이가 이제 초등학생이 되었으니 공부도 하면서 미래를 준비해야 하는데, 아직 학습 습관이 잡히지 않아 걱정입니다. 한편 맞벌이하는 엄마는 자신이 전업주부처럼 아이를 잘 챙겨 주지 못해 미안한 마음도 있고, 원래 느긋한 성격이다 보니 아이에게 공부를 재촉하지 않는다고 합니다. 결국 집에서 잔소리를 아빠가 도맡게 되지만 아들은 엄마를 방패 삼아 아빠의 지적을 슬쩍 피해가고, 엄마는 아이를 이해해 주는 것으로 대충 마무리되면 어느새 자신만 옹졸하고 나쁜 아빠가 된다는 겁니다. 이런 일들이 쌓이며 자신은 점점 집에서 설 자리가 없는 외톨이가 됐고, 이제는 퇴근하고 집에 들어가는 것도 부담스럽다고 걱정합니다.

보통 자녀가 초등학교에 입학하면 자녀의 양육과 교육에 대한 아빠의 관심이 줄어듭니다. 다행히도 이 경우는 아빠가 자녀 양육에 관심이 많고 의지가 높아서 먼저 이 부분을 격려해 주었습니다. 그리고 부부가 함께하는 공동육아에 있어서 우선순위가 정립되어야 한다고 조언했습니다.

① 아내와 양육 태도 조율 (부부 관계 정립)
② 자녀와 친근한 관계
③ 학습 습관 키우기

첫째, 아빠는 아내와 양육 태도를 조율해야 합니다. 자녀를 키우면서 부모의 양육 태도가 조율되지 않으면, 아이는 두 사람 사이에서 자신이 편한 쪽을 선택하게 됩니다. 양육 뿐 아니라 부부로 살아가면서, 두 사람이 삶의 태도와 방식에 대해 대화하고 조율하는 것은 무척 중요합니다. 대화를 나누며 서로의 다름을 인정하고 상대방의 의견을 존중해야 합니다. 갈등이 생기면 대화로 풀기 위해 노력하고, 당장 문제를 해결할 수 없다면 다음으로 미룰 수 있는 여유와 지혜도 필요합니다. 둘째, 학습도 중요하지만 이보다 앞서 자녀와의 관계가 우선입니다. 자녀와 친근한 관계가 전제되지 않으면, 학습 습관을 키우기 위한 아빠의 노력이 쉽게 먹히지 않습니다. 셋째, 충분히 자녀와 소통하는 관계가 만들어지면, 자녀도 아빠의 조언을 수용할 수 있는 여지가 생기고 학습 습관도 키울 수 있습니다. 학습 습관은 단번에 만들어지는 것이 아니기에, 아빠와 엄마의 꾸준한 관심이 요구됩니다. 이런 과정 속에서 엄마가 적극적으로 양육에 참여하는 아빠의 모습을 확인하면, 엄마는 자연스럽게 양육의 동반자로 아빠를 인정하고 긍정적인 상호 작용을 이어갈 수 있습니다.

사실 저는 위의 ①, ②, ③단계를 순서대로 적용한 부부 공동육아를 하지 못했습니다. 저는 아내와 양육 태도를 조절하는 ①단계가 부족했습니다. 반면 아이와 친근한 관계를 맺어가는 ②단계를 꾸준히 하다 보니 아내도 저를 양육의 동반자로 조금씩 인정했고, 이후 ①단계가 회복되면서 부부 관계가 정립되었습니다. 독자들께 분명히 말씀드리지만, 자녀와의 관계도 중요하지만 그보다 우선이 부부 관계입니다.

우리 아빠들은 지금 자녀를 키우고, 가정을 부양하며 사회적 성취를 이루는 가운데 생산적인 삶을 살기 위해 노력하고 계실 것입니다. 비록 당장은 아빠들이 하루하루 일하고 아이를 키우느라 정신이 없겠지만, 양육도 일정한 시간이 흘러 자녀가 독립하게 되면 대략 마무리가 되고, 사회적 성취 역시 경제 활동을 할 수 있는 시기로 한정되는 것이 일반적입니다. 반면 이러한 일들의 시작과 끝에 부부가 있고, 양육, 부양, 사회적 성취의 과정에서 긍정적인 부부 관계가 전제되면 우리의 삶이 더 행복하고 생산적일 수 있습니다. 특히 안정된 부부 관계가 자녀에게 미치는 영향이 무엇보다 크다는 것은 잘 알려진 사실입니다. 따라서 자녀 양육과 부부 관계를 별개의 영역으로 나누는 것이 아니라, 공동육아를 통해 바람직한 부부 관계를 이어가는 지혜로운 과정을 모색해야 할 것입니다.

아빠의 몸은
이미 준비되었어요!

〈펭귄-위대한 모험〉

끝없이 넓은 하얀 눈밭을 황제펭귄 무리가 꼬리에 꼬리를 물고 걸어갑니다. 황제펭귄이 영하 40도가 넘는 극한의 추위 속에서 무리를 지어 가는 곳은 어디일까요? 제대로 먹고 쉬지도 못한 채 짧은 다리로 몇 날 몇 일을 걷고 또 걸어서 이들이 도착한 곳은 바로 '오모크'라는 짝짓기 장소입니다. 드디어 황제펭귄의 짝짓기가 시작되고, 삼 일 정도 시간이 흐르면 암컷은 알을 낳게 됩니다. 하지만 암컷은 알을 낳고 얼마 지나지 않아서 껍질을 깨고 나올 새끼를 먹이기 위해, 다시 바다로 향하는 머나먼 여행을 떠납니다. 그리고 수컷은 암컷으로부터 알을 넘겨받아 부화에 필요한 약 백 일 동안 극한의 추위를 무릅쓰고 체온으로 알을 품습니다. 날씨가 추워질수록 수컷 황제펭귄의 고통은 더 심해지고 눈 외에 아무 것도 얻을 수 없는 설원에서, 추위와 굶주림에 지친 수컷 펭귄이 하나둘 쓰러

집니다. 과연 아빠 황제펭귄은 엄마가 돌아올 때까지 모진 추위와 배고픔을 견디며 새끼와 함께 살아남을 수 있을까요? 그리고 가족이 함께 바다로 돌아가 일상의 삶을 누릴 수 있을까요?

── 아빠 생각 ──

황제펭귄의 비밀스러운 모습을 세심하게 관찰한 이 영화는, 극한의 환경에서 자신의 모든 것을 희생해 알을 부화시키고 새끼와 함께 생존하는 아빠 펭귄의 모습을 통해 감동적인 부성애를 느끼게 합니다. 애착이 시작되는 시기(6/8개월~18/24개월)에 주양육자와 아이의 관계는 매우 중요합니다. 주양육자란 양육을 주로 담당하는 사람으로 보통은 엄마를 뜻하는 경우가 많은데, 주양육자와 안정된 애착이 형성되면 이를 안전기지(Secure

MOVIE INFORMATION

작은 생명을 지켜낸 300일간의 감동신화

펭귄

펭귄-위대한 모험

개봉 2005년

제작국 프랑스

분류 다큐멘터리

출연 샤를스 베르링(아빠펭귄), 로만느 보링거(엄마펭귄),
쥴 시트럭(아기펭귄)

연령 만 4세 이상

런닝타임 85분

차가운 얼음의 영역서 벗어난 따뜻한 이야기

Base) 삼아, 아기는 보조 양육자 또는 다른 가족과 애착을 확대해 갑니다. 최근 남성의 육아 휴직이 자유로워지고 공동양육이 강화되면서, 아빠가 주양육자 역할을 담당하는 경우가 많아지고 있습니다. 이런 경우 주양육자인 아빠와 아기의 애착이 잘 형성되었다면, 아이는 이를 안전기지 삼아 엄마는 물론 주변 사람들과 순조롭게 애착을 확대할 수 있다는 것입니다.

하지만 저는 아내가 임신했을 때부터 아이가 돌을 지나기 전까지 가정에 그리 신경을 쓰지 못했습니다. 일주일이면 3~4일은 업무라는 명분으로 술에 찌들어 있었고, 12시 즈음 겨우 집으로 돌아오면 씻지도 않고 코를 골며 잠자기 바빴습니다. 그나마 갑자기 식성이 변한 아내의 입맛에 맞춰 꼬박꼬박 추어탕을 사다 주긴 했지만, 그밖에는 특별히 잘 해준 것이 없어 지금도 그때를 생각하면 아내와 아이에게 미안한 마음이 듭니다. 당시 저는 일이 바쁘기도 했지만 아이를 키우고 살림하는 것은 아내의 몫이라는 생각이 적지 않았습니다. 당시 이런 황제펭귄의 모습을 보고 아버지 역할에 대해 고민하는 시간을 가졌다면 더 좋았을 것이라는 아쉬움이 듭니다. 앞으로 방송이나 동물원에서 황제펭귄을 보면, 머나 먼 길을 한 걸음 한 걸음 걸어가고 모진 추위에도 알을 품고 새끼를 돌보는 듬직한 모습이 연상될 듯합니다.

─── **TIP 남성 호르몬의 변화와 아빠의 육아** ───

'아빠는 자녀를 키울 수 있는 신체적, 정신적 능력을 갖추고 있는가?'

에 대한 의문과 염려가 있는 것이 사실이지만, 양육자로서 아빠는 충분한 능력을 갖추었다는 연구가 계속해서 발표되고 있습니다(참고40). 이와 관련해 아내의 임신기에 남편이 아내, 자녀와 연결되어 있다는 심리가 몸으로 표출되는 아빠들이 있는데, 이를 '쿠바드 증후군(Couvade Syndrome, 공감 임신)'이라 합니다. '쿠바드'란 '알을 낳다, 부화, 번식'이라는 뜻의 프랑스어 'Couver'에서 유래된 말로, 남편은 임신 중인 아내처럼 식욕 상실, 메스꺼움, 구토 등의 증상을 보입니다. EBS의 조사에 따르면 우리나라 예비 아빠 150명을 대상으로 한 쿠바드 증후군 설문에서, 74%가 체중이 증가하고 12%가 입덧을 경험했다는 재미있는 결과도 있습니다.

한편 미국 노스웨스턴대학 인류학과에서 2005년에 남성 600명을 대상으로 호르몬을 측정하고, 4년 후 이들 중 자녀가 있는 집단과 그렇지 않은 집단으로 나누어 호르몬 변화를 관찰했습니다. 그 결과 남성의 공격성에 영향을 주는 호르몬인 테스토스테론(Testosterone) 수치가 자녀가 있는 남성에게서 급격히 감소한 것을 확인했습니다. 보통 남성이 나이가 들면서 테스토스테론 수치가 감소하는 것은 자연스런 현상입니다. 하지만 자녀를 양육하는 남성의 테스토스테론 수치가 급격히 감소한 것은, 우리 몸이 호르몬 조절을 통해 자녀 양육을 할 수 있는 신체적 환경을 자연스럽게 만들었음을 의미합니다. 캘리포니아 대학의 파크(Ross. D. Parke) 교수는 이런 현상이 유별난 것이 아니며, 아버지가 되기 위한 자연스런 준비 과정이라 말합니다.

양육의 기초,
부부 관계

〈미녀와 야수〉

옛날 프랑스의 아름다운 성에 멋진 외모를 가졌지만 이기적이고 냉정한 왕자가 살고 있었습니다. 어느 날 성에서 열린 화려한 무도회의 분위기가 한참 무르익어갈 무렵 폭풍우를 피해 남루한 복장의 노파가 들어오고, 왕자에게 예쁜 장미꽃 한 송이를 바치며 잠시 비바람을 피할 수 있길 간청합니다. 하지만 왕자는 장미꽃을 던지며 노파에게 즉시 나가라고 하고, 노파가 바닥에 떨어진 장미꽃을 주우며 일어서는 순간 어느새 아름다운 요정으로 변합니다. 깜짝 놀란 왕자가 무릎을 꿇고 용서를 구하지만, 요정은 왕자를 무시무시한 야수로 변하게 합니다. 그리고 장미의 마지막 꽃잎이 떨어지기 전까지 야수로 변한 왕자를 사랑하는 여인이 나타나지 않으면, 영원히 야수로 살게 될 것이라는 말을 남기고 사라집니다. 세월이 흘러 세상 사람들은 야수가 된 왕자와 성 그리고 요정에 대한 기억을

모두 잊어버립니다.

　한편 작은 마을에서 뮤직박스를 만드는 아빠와 단둘이 사는 벨은, 책보기를 좋아하고 언젠가 넓은 세상을 경험하고 싶은 꿈 많은 아가씨입니다. 어느 날 먼 곳에서 뮤직박스를 팔고 돌아오던 아빠가 깊은 숲에서 늑대 무리에게 쫓기게 되고, 허겁지겁 도망치던 중 눈보라 속에 보이는 성으로 피신합니다. 하지만 아빠는 뭔가 으스스한 느낌의 이 성을 빠져나오다가, 예쁜 장미꽃을 발견하고 딸을 위해 한 송이를 꺾게 됩니다. 그런데 자신의 장미가 꺾이는 것을 지켜본 야수가 나타나 벨의 아빠를 잡아 성안의 감옥에 가두게 되고, 깜짝 놀라 도망친 말만 집으로 돌아옵니다. 벨은 아빠에게 심각한 일이 벌어진 것을 직감하고, 도망쳐 온 말을 타고 아빠를 구하기 위해 떠납니다. 과연 벨은 무서운 성에 갇힌 아빠를 무사히 구출해서 집으로 돌아갈 수 있을까요? 혹시 그녀는 무시무시한 야수로 변한

MOVIE INFORMATION

미녀와 야수

개봉 2017년

제작국 미국

분류 판타지, 뮤지컬

출연 엠마 왓슨(벨), 댄 스티븐스(야수), 루크 에반스(개스톤) 등

연령 만 4세 이상

런닝타임 129분

왕자를 만나 큰 봉변을 당하는 건 아닐까요?

벨과 왕자가 처음 만났을 때 이들은 서로에 대한 호감보다 적대적 감정이 많았습니다. 하지만 두 사람은 어쩔 수 없이 성에서 함께 생활하면서 책을 좋아한다는 공통점을 찾게 되고, 작은 배려를 이어가면서 자연스럽게 호감을 느끼게 됩니다. 마치 겉모습에 속지 말고 진정한 아름다움은 내면에 있다는 요정의 말처럼 말이죠.

저희 부부는 삼 년 정도 연애를 한 후 결혼을 했습니다. 결혼 전에도 저와 아내는 성격이 다르다는 것을 알고 있었지만 막상 결혼을 하고 보니 그 차이가 생각보다 컸고, 노력해도 쉽게 극복되지 않는 부분도 있었습니다. 그리고 어느 순간 하나둘 서로에게 포기하는 것이 늘어나고, 결혼 생활에 대한 회의감이 들 때도 있었습니다. 그래도 아이를 키우며 소소한 재미와 행복을 느꼈고, 아이가 저와 아내의 중간에서 자연스럽게 매개체가 되었습니다. 그리고 저와 아내는 부부 관계의 극단적인 면을 생각하지 않고, 아이를 키우며 조금씩 서로 이해하고 성찰했던 것 같습니다. 얼마 전 아들이 저와 아내를 보며, "요즘은 아빠, 엄마 금슬이 좋네."라며 장난처럼 말을 하더군요. 아이가 스치듯 한 이야기지만, 부모로서 자식에게 그런 이야기를 들으니 기분이 매우 좋았습니다. 제가 우리 부부의 신혼 시절을 평가해 보면 '하' 정도지만, 아이가 훌쩍 자란 지금은 '중상' 정도는 된다고 생각합니다. 그렇다고 해서 예전에 비해 특별한 비책이 있는 건 아닙니다. 서로의 차이를 인정하고 대화하려고 노력하며, 배려할 수 있는 부분을 조금 더 실천하는 정도입니다. 하지만 부부 관계가 좋지 않았을 때 얼마나 힘들고 허무한 지를 잘 알기에, 자만하지 않고 성숙한 부부가 되기 위해 늘 노력합니다. 그리고 행복한 부부 관계를 만들어갈 수 있는 계기가 되어준 우리 아이에게 고맙고 사랑하는 마음을 전해봅니다.

─── TIP 다름과 같음 그리고 소통 ───

가끔 후배들이 큰 무리 없이 잘 살아온 우리 부부의 비결을 물어보곤 합니다. 앞에서 언급한 것처럼 저는 그다지 잘 한 것이 없어서 있는 그대로 우리 부부가 느꼈던 어려움을 이야기하고, 혹시나 인생 선배로서 도움이 될 만한 세 가지를 말해주곤 합니다.

첫째로 다름을 인정하는 것입니다. 일례로 저와 아내는 식습관이 많이 달라서, 이 부분은 극복되기보다 서로의 다름을 인정하는 쪽으로 쉽지 않은 과정을 거쳤습니다. 한때 식성의 차이는 오랜 기간 동안 우리 부부에게 적지 않은 다툼의 원인이 됐지만, 언젠가부터 포기하기도 하고 한편으론 배려하는 면도 생겼습니다. 사실 서로의 다름을 인정하기까지 정말 오랜 시간이 걸렸지만, 반드시 거쳐야 하는 과정이라는 생각이 듭니다. 둘째는 같음을 찾는 것입니다. 부부간에는 다른 점이 참 많지만 반대로 공통적인 관심사 역시 적지 않습니다. 대표적으로 저와 아내는 아이를 잘 양육하겠다는 생각이 공통적인 관심사였습니다. 물론 그런 공통의 관심사 안에도 역시나 다름이 존재하지만, 다름을 어느 정도 인정하고 나면 충분히 조율해서 의견을 맞춰갈 수 있는 여지를 찾을 수 있었습니다. 마지막으로 소통입니다. 특히 언어를 통해 서로의 감정이나 생각을 합리적으로 표현하는 것이 부부간에 참 중요합니다. 자녀를 키울 때도 여러가지 소통의 방법이 존재하는데, 예를 들어 어린 아기는 울음으로 자신을 표현하지만 조금 자라면 베이비사인, 놀이, 스포츠 활동 등 다양한 방법으로 부모와 소통이 가능합니다. 하지만 결국 부모와 자녀가 소통하는 가장 중요한 수단이 자연스럽게 언어로 귀결되는 것처럼, 부부 사이도 언어적 소통이 매우 중요합니다. 하지만 제대로 말하지 않고 경청하지 않으면 상대방의 생각과 마음을 충분히 이해할 수 없습니다. 그래서 저는 아내가 말할 때 눈을 맞추고, 맞장구를 치며, 고개를 끄덕이면서 눈과 입 그리고 몸으로 경청하기 위해 노력하다 보니, 아내도 제 말을 들으려고 노력하는 모습을 볼 수 있었습니다.

얼마 전 아이와 잠시 외국으로 여행을 다녀온 적이 있습니다. 낯선 곳에 가 보니 여러 가지 환경과 문화가 우리와 다르다는 것을 알 수 있었습니다. 하지만 그런 다름 속에서도 시간이 조금 흐르자 어느 정도 익숙해질 수 있었고, 또한 이국의 환경 속에서 우리와 공통점도 찾을 수 있었습니다. 그리고 서로 말은 잘 통하지 않지만 진심 어린 눈빛과 몸짓으로 이야기할 때, 생각과 감정이 소통되는 것을 느낄 수 있었습니다. 부부 관계,

부자 관계 그리고 새로운 환경에서의 적응 역시 다름과 같음 그리고 소통
의 과정이 반드시 필요하다는 생각을 해봅니다.

아빠를 바라보는
엄마의 시선

<오세암>

오세암은 설악산 백담사에서 한참을 올라가다 보면 나타나는 암자로, 이 이야기는 백담사에서 전해 내려오는 관음보살 설화를 바탕으로 만들어졌습니다. 다섯 살 길손이와 눈이 먼 감이누나는 서로 손을 잡고 엄마를 찾기 위해 어딘가 가고 있습니다. 하지만 감이누나는 자신들이 절대로 엄마를 찾을 수 없다는 것을 잘 알고 있습니다. 왜냐하면 엄마는 이미 사고로 돌아가셨기 때문입니다. 어린 길손이는 이런 사실도 모른 채, 엄마를 볼 수 있다는 희망 하나로 먼 길도 마다하지 않고 즐겁게 걸어갑니다. 어느덧 시간이 흘러 가을을 지나 초겨울에 접어들었지만, 남매는 머물 곳을 찾지 못하고 여전히 방황하고 있습니다. 마침 길 가던 스님이 불쌍한 남매를 보고, 겨울 동안 백담사에서 머물 수 있도록 허락해 주셨습니다. 호기심 많은 길손이는 절에서 짓궂은 말썽을 많이 피우지만, 남매는 스님

들의 따뜻한 보살핌 속에서 잘 지내고 있습니다. 하지만 길손이는 꼭 이루고 싶은 소원이 하나 있는데, 한 번도 보지 못한 엄마를 꿈속이라도 만나는 것입니다. 과연 길손이는 그렇게 그리던 엄마를 볼 수 있을까요? 그리고 남매는 백담사에 잘 적응하면서 겨울을 날 수 있을까요?

아빠 생각

저는 아들과 둘이서 차를 타고 가깝고 먼 곳으로 자주 여행을 다니곤 했는데, 아이가 대여섯 살 무렵 반복되는 문제가 하나 있었습니다. 아이는 하루 종일 엄마 없이도 저랑 잘 놀다가, 막상 차를 타고 집에 도착할 즈음이 되면 엄마가 보고 싶다며 엉엉 울어대는 겁니다. 곧 엄마를 볼 테니 울지 말라고 달래도 보고, 이렇게 하면 앞으로 여행을 다니지 않겠다

MOVIE INFORMATION

정말 마음을 다해 부르면... 엄마가 와줄까요 ?

오세암

개봉 2003년
제작국 한국
분류 애니메이션, 드라마
출연 김서영(길손이), 박선영(감이) 등
연령 만 4세 이상
런닝타임 75분

고 으름장도 놓아 보지만 아이의 울음은 쉽게 멈춰지지 않았습니다. 드디어 집에 도착해 현관문이 열리고 엄마를 보면 아이가 어찌 그리 서럽게 우는지, 잘못한 것도 없는 제가 무슨 죄라도 지은 듯 민망할 때가 꽤 있었습니다. 마찬가지로 다섯 살 길손이에게 얼굴도 기억나지 않는 엄마는 정말 그리운 존재였을 것입니다. 그래서 단 한 번이라도 엄마 품에서 응석을 부리는 것이 소원이고, 따뜻한 엄마 품을 생각하며 어린 나이에도 씩씩하게 먼 길을 걸었던 겁니다. 아마 길손이나 제 아들 그리고 모든 아이들에게 어머니란 세상 그 무엇과도 바꿀 수 없는 절대적인 존재일 것입니다.

그런 특별한 존재인 엄마도 때로는 자녀를 키우며 심하게 힘들어 하고 우울감에 빠지기도 합니다. 저는 아이가 태어나기 얼마 전 지방으로 발령받아 3년간 그곳에서 근무했는데, 아내는 익숙하지 않은 곳에서 출산을 하고, 혼자 아이를 돌보며 많이 힘들어 했습니다. 당시 저는 아내가 힘들어하는 것을 대충 알고는 있었지만 처음 아이를 키울 땐 누구나 겪는 일이라며 대수롭지 않게 생각했고, 바쁜 회사 생활을 핑계로 아내를 잘 보살피지 못했습니다. 나중에 서울로 올라온 후 아내는 그 시절을 회상하면서, 당시 자신은 의지할 사람은 없고 남편도 도와주지 않아서 육체적으로 힘들고 정신적으로도 우울증을 겪고 있었다고 울먹이며 이야기를 하더군요. 아내는 당시 저에게 자신의 힘든 사정을 말하고 싶었지만, 매일 일하느라 늦게 들어오는 남편에게 투정부리는 것 같아 쉽게 말을 꺼내지 못했다고 합니다. 그렇게 울먹이는 아내를 보며, 아내와 가정을 잘 돌보지 못한 제 자신이 무척이나 부끄럽게 느껴졌던 기억이 납니다.

━━ **TIP 아빠의 양육 능력에 대한 시각 차이** ━━

2016년 육아정책연구소(참고41)에서는 아버지들의 양육 참여 실태를 확인하고 역량을 강화하기 위한 연구를 했습니다. 연구의 내용 중 아버지의 양육 참여 역량을 ①발달과 놀이 ②건강·안전 및 생활 지도 ③가족 관계 그리고 ④물리적 환경과 지역 사회 연계 4가지로 나누고, 각각 1~5점으로 평가했습니다.

특이한 점은 이 연구는 1,500쌍의 부부 의견을 확인하면서, 아빠 스스로 자신의 양육 역량을 평가하고 이와 더불어 엄마가 아빠를 평가해 그 차이를 확인하고, 이를 영아, 유아, 초등학생(1~2년) 부모로 나누어 살펴보았습니다. 전체적으로 보면 아빠의 양육 역량은 3.2~3.5점을 보여

아버지 양육 역량 (1~5점)

구분		발달과 놀이	건강·안전 및 생활지도	가족관계	물리적 환경 지역사회 연계	합계
영아 아버지	본인 평가	3.6	3.6	3.6	3.4	3.5
	배우자 평가	3.3	3.4	3.4	2.9	3.3
유아 아버지	본인 평가	3.6	3.7	3.6	3.3	3.5
	배우자 평가	3.3	3.4	3.3	2.9	3.2
초등 1,2학년 아버지	본인 평가	3.5	3.7	3.5	3.4	3.5
	배우자 평가	3.2	3.5	3.4	3.1	3.3

100점으로 환산 시 64~70점 정도였습니다. 재미있는 점은 아빠 본인 평가는 3.5점(환산 시 70점) 정도인 것에 비해 엄마의 아빠에 대한 평가는 3.2~3.3점(환산 시 64~66점) 수준으로 차이가 있었습니다. 그리고 세부적으로는 아빠의 육아 휴직 사용, 아버지교육 이수, 주당 초과 근무 시간이 1~2회 정도였을 때 좋은 평가 결과가 나왔으며, 특히 유년 시절 자신의 아버지와 관계가 좋았을 때 아버지 역량이 높은 것으로 나타났습니다.

　연구를 보면 아버지의 양육 역량을 바라보는 아빠와 엄마의 시각 차이를 확인할 수 있습니다. 하지만 이러한 생각 또는 실행력 차이가 한 번에 개선될 수는 없기에, 엄마도 당연히 노력해야 하지만 이 책을 보고 있는 아빠들 역시 성찰과 실천이 필요합니다. 연구에서는 이러한 차이를 줄이는 방법으로 육아 휴직 제도의 적극적 활용, 영유아기 뿐 아니라 학령기 이후도 아버지교육을 통한 정보 습득과 실천, 적정 근무 시간을 통한 일과 가정의 균형 등을 제안합니다. 비록 유년 시절 아버지와의 관계처럼 지나간 일이야 어쩔 수 없겠지만, 아빠가 의지를 갖고 자녀 양육을 하다 보면 조금씩 엄마와 아빠의 시각 차이를 극복하게 될 것입니다.

엄마의
문지기 역할

〈코코〉

어린 여자아이 코코는 음악가인 아빠 그리고 엄마 이멜다와 함께 노래를 부르고 춤도 추며 행복하게 살았습니다. 어느 날 아빠는 노래를 하겠다며 기타를 들고 집을 나선 후 영영 집으로 돌아오지 않았습니다. 이멜다는 남편을 그리워할 여유도 없이 코코를 키우기 위해 돈을 벌어야 했고, 여러 직업을 물색하다가 신발 만드는 일로 가정을 부양합니다. 하지만 시간이 흐를수록 남편에 대한 사랑은 증오로 바뀌고, 이멜다는 남편과 음악에 대한 흔적을 집안에서 모조리 없애 버립니다. 그리고 신발 만드는 일은 자연스럽게 딸, 사위, 손자로 이어져 가업이 됐고, 이제 고조할머니 이멜다가 돌아가신지 꽤 오랜 시간이 지났지만, 후손들은 가족을 버린 고조할아버지를 가족의 일원으로 인정하지 않고 음악 역시 증오합니다. 어느새 코코도 증조할머니가 됐고, 이제 그녀는 가족도 잘 구분하지 못할 정도로 나이가 들었습니다. 하지만 지금도 그녀는 어디선가 "아빠" 소리만 들려도 마치 어린 아이처럼 아빠를 부르며 그리워합니다.

음악을 멀리하는 이 가족에 미구엘이라는 남자아이가 태어나고, 소년은 멕시코 최고의 뮤지션이던 델라 크루즈를 존경합니다. 그리고 언젠가 자신도 멋진 음악가가 되겠다며 가족들 몰래 기타와 노래 연습을 게을리하지 않습니다. 어느 날 미구엘은 실수로 고조할머니 이멜다의 사진이 든 액자를 깨뜨리고 그 속에 접혀져 있던 고조할아버지 사진을 발견하는데, 그가 바로 자신이 그렇게도 존경하는 델라 크루즈임을 알게 됩니다. 미구엘은 용기를 얻어 '죽은 자들을 위한 축제'에서 진행하는 음악 경연 대회에 참석할 뜻을 가족들에게 밝히지만, 분노한 할머니는 미구엘의 기타를 부수며 대회 참석을 막으려 합니다. 과연 미구엘은 음악에 대한 열정을 버리고, 다른 가족들처럼 신발 만드는 가업을 이으며 살아가게 될까요?

MOVIE INFORMATION

코코

개봉 2018년

제작국 미국

분류 애니메이션, 모험, 코미디

출연 안소니 곤잘레스(미구엘), 가엘 가르시아 베르날 (헥터), 벤자민 브랫(델라 크루즈) 등

연령 초등학생 이상

런닝타임 127분

그리고 미구엘의 고조할아버지는 무슨 이유로 가족을 떠나 집으로 돌아오지 않았던 걸까요?

──────────── 아빠 👨 생각 ────────────

　이멜다는 음악을 하겠다며 남편이 떠나 버리자 경제적 어려움은 물론 어린 코코를 혼자 양육하며, 남편을 원망하는 마음이 적지 않았을 것입니다. 하지만 남편을 미워하는 그녀의 감정이 그대로 자손들에게 이어져, 결국 가족 모두가 고조할아버지를 가족으로 인정하지 않는 것은 참으로 안타깝습니다. 반면 떠나간 아빠를 매일매일 기다리는 어린 딸 코코의 마음은 어땠을까요? 아빠와 너무도 행복했던 기억이 분명히 존재하지만, 엄마가 경제적, 정신적으로 힘들어하는 모습을 보면서, 그녀 역시 아빠를 미워하는 마음을 키웠겠죠. 특히 엄마가 자신을 위해 희생하고 있다는 것을 잘 알기에, 엄마 앞에서는 아빠 얘기를 뻥긋하지도 못했을 것입니다. 마찬가지로 보통의 가정에서도 자녀가 아빠에게 느끼는 친밀함보다 엄마에게 느끼는 친밀함이 더 큰 것이 일반적인데, 그 주요한 이유를 들어보면 다음과 같습니다.

① 엄마는 아이를 약 10개월간 뱃속에서 키우며, 자녀에게 충분히 집중하는 시간을 갖는다.
② 자녀가 태어나면 주로 주양육자 역할을 담당하며, 양육의 시간과 질이 아빠에 비해

월등하다.

③ 여성 특유의 정서적 보살핌을 통해, 자녀의 요구에 민감하게 반응하고 자녀를 이해하려 노력한다.

④ 소소한 일상을 아이와 함께하면서, 자녀는 엄마가 없을 때 불편함을 느낀다.

⑤ 초등학교 입학 전후가 되면, 교육에 대한 권한을 적극 행사하며 자녀에 대한 통제력이 강화된다.

⑥ 부부의 의견 충돌 시, 엄마는 자녀의 지지를 받으며 서로 공감대를 강화한다.

⑦ 아빠가 돈을 벌어도 실제 가계 운영은 엄마가 담당해, 자녀는 경제적으로도 엄마에게 의지한다.

이런 여러 가지 이유로 자녀 양육에 있어서 엄마의 입지가 아빠보다 더 탄탄한 것은 어찌 보면 자연스런 일입니다. 게다가 엄마가 아빠의 육아 참여를 신뢰하지 않고 이멜다처럼 아빠에 대한 부정적인 생각을 자녀와 공유하면, 아빠는 양육은 물론 일상에서도 배제되어 가정 내에서 무기력한 존재가 될 수 있습니다. 이처럼 엄마는 스스로 자녀에게 미치는 영향력은 물론, 아빠의 양육 참여 여부를 결정하는 중요한 역할을 하게 됩니다.

──── TIP 엄마의 문지기 역할 ────

동화 속에서 큰 성의 커다란 성문을 지키는 사람을 문지기라고 하죠.

만약 어떤 사람이 성 안으로 들어가려고 할 때 문지기가 그 사람을 환대하며 문을 열어줄 수도 있지만, 반대로 들어오지 못하도록 막을 수도 있습니다. 보통 문지기가 환대하는 사람은 성으로 들어와 긍정적인 일을 할 수 있는 인물이고, 환대를 받지 못하는 경우는 성에 들어갔을 때 문제를 일으킬 수 있는 사람일 것입니다. 마찬가지로 엄마라는 문지기가 양육이나 가사에 참여하려는 아빠를 들여보내거나 또는 막기도 하는데, 이를 엄마의 문지기 역할(Maternal Gatekeeping)이라고 합니다. 특히 엄마가 아빠를 지지하는 행동은 '문열기' 그리고 제한하는 활동은 '문닫기'라고 부릅니다.

그렇다면 이러한 엄마의 문지기 역할이 발생하는 이유는 무엇일까요? 주요한 원인으로 엄마가 갖는 양육에 대한 완벽주의나 분리불안과 같은 어머니 개인적인 특성이 가장 크다고 합니다. 하지만 이와 더불어 엄마가 느끼는 아빠의 양육 참여에 대한 만족도, 부부 갈등과 결혼 만족에 대한 견해 등 남편의 행동이나 생각이 엄마에게 큰 영향을 미칩니다(참고42). 예를 들어 아빠의 적극적인 양육 참여가 엄마의 문열기 행동으로 이어지고 또다시 아빠의 긍정적인 양육 효능감으로 선순환되면 매우 긍정적입니다. 하지만 이와 반대로 악순환의 늪에 빠질 수도 있습니다. 아내가 남편에 대한 신뢰가 부족해서 양육의 문으로 들어오려는 아빠를 자꾸 문밖으로 밀치고 거부하기도 합니다. 그렇다면 이럴 때 남편은 어떻게 해야 할까요? 가장 좋은 것은 아내가 아빠를 받아들이고 양육 정보를 공유하며 남편을 정서적으로 지원하면 좋지만, 이는 아빠 맘대로 할 수 있는 일이 아니므로 아빠는 먼저 긍정적인 변화를 위해 노력해야 합니다. 때로는 아내의 문닫기가 금세 바뀌지 않아 낙심하고 힘이 들더라도, 진심을 갖고 양육과 가사에 꾸준히 참여하다 보면 언젠가 아내도 남편을 인정하고 양육의 문안으로 받아들이는 때가 반드시 올 것입니다.

관심이 필요한 첫째,
더 필요한 엄마!

〈꼬마 니콜라〉

열 살 외동 아들 니콜라의 아빠와 엄마는 평소 그다지 사이가 좋은 편이 아닙니다. 어느 날 니콜라는 자신의 친구로부터 동생이 생긴 후로는 부모님이 자신에게 관심이 없고, 언젠가 자신을 숲속에 버릴 것 같다는 이야기를 듣게 됩니다. 그리고 친구는 동생이 생기기 얼마 전부터 평소와 달리 아빠가 엄마에게 굉장히 잘 해주었다는 힌트를 니콜라에게 남깁니다. 아빠와 엄마의 관계를 유심히 살피던 니콜라는 요즘 아빠가 엄마에게 유난히 친근한 것 같다는 생각을 하게 됩니다. 아뿔싸! 니콜라는 만약 동생이 생긴다면 자신도 친구처럼 찬밥 신세가 되고, 결국에는 버려질 지도 모른다는 걱정을 하게 됩니다. 상황이 이렇게 된 이상 니콜라는 어떻게 하든 아빠와 엄마 사이를 갈라 놓고, 동생이 생기는 것을 막아야 한다고 마음먹습니다. 니콜라가 이런 사실을 친구들에게 알리자 친구들 역시 이

고민에 공감하고, 은밀한 니콜라의 계획에 기꺼이 의기투합합니다. 과연 니콜라와 친구들은 어떤 짓궂은 행동으로 동생이 태어나는 것을 막을 수 있을까요? 그리고 아빠와 엄마는 동생에게만 관심이 있고 니콜라는 전혀 사랑하지 않는 걸까요?

아빠 생각

'꼬마 니콜라'는 동생이 생겼을 때 첫째 아이가 느낄 수 있는 두려움을 잘 보여줍니다. 제 아이가 초등학교 4학년 때 슬쩍 "동생 하나 낳아줄까? 너도 동생 있으면 좋잖아?"라고 떠보았더니, 녀석은 정색을 하며 절대 그렇지 않다는 겁니다. 왜 그런지 이유를 물었더니, "동생이 생기면 엄마, 아빠한테 사랑받는 거 다 뺏겨서 싫어. 낳지 마!"라고 단호히 말하

MOVIE INFORMATION

꼬마 니콜라

개봉 2010년

제작국 프랑스

분류 가족, 드라마, 코미디

출연 막심 고다르(니콜라), 카드 므라드(아빠), 발리에리 르메르시(엄마) 등

연령 초등학생 이상

런닝타임 91분

더군요. 이 말을 듣고 한참이나 웃었지만 초등 4학년 아이도 부모로부터 받는 사랑이 소중하고, 그 사랑을 빼앗길 것에 대한 걱정이 있다는 것을 새삼 느꼈습니다. 하물며 동생이 있는 영유아와 초등 저학년 아이들의 불안감도 미루어 짐작할 수 있을 듯합니다. 다음은 둘째 아이가 태어나 가정의 변화가 생겼을 때 일어날 수 있는 문제 상황과 오해를 정리해 보았습니다.

① 한계를 느끼는 엄마

둘째가 태어나면 엄마는 이전에 비해 당장 체력적인 부담을 많이 느낍니다. 엄마는 직접적인 돌봄이 더 필요한 둘째를 우선 보살펴야 하고, 첫째를 보며 미안함도 느끼지만 시간적인 여유가 없다 보니 이전에 비해 소홀할 수 밖에 없습니다. 첫째는 전과 달라진 엄마의 태도에 소외감을 느끼고 사랑을 받기 위한 관심 행동을 해보지만, 엄마는 정신적으로 힘들다 보니 순간 짜증을 내기도 합니다.

② 첫째에 대한 이해가 부족한 아빠

첫째가 관심 행동을 보일 때 엄마는 아빠에게 도움을 요청하지만, 아빠는 오히려 이전과 달라진 아이의 행동 그 자체에 집중하며 잘못을 지적하고 혼내기도 합니다. 그리고 이내 자신의 말에 순종적인 첫째를 보며 아빠는 대수롭지 않게 여깁니다.

③ 아빠와 엄마의 인식의 차이

첫째는 관심 행동을 아빠에게 보였을 때 도움이 되지 않는다는 것을 깨닫고, 이제 아빠 앞에서는 감정을 숨기고 순한 양처럼 행동합니다. 아빠는 그런 아이를 보며 엄마가 너무 민감하고 호들갑을 떤다고 생각할 수 있습니다. 반면 첫째는 평소 대부분의 시간을 함께 보내는 엄마에게 공격적인 모습과 분노를 표출합니다. 이런 상황이 지속되면 첫째에 대한 아빠와 엄마의 인식에 괴리감이 커지고, 자녀를 둘러싼 부부간의 소통이 잘 이루어지지 않습니다.

④ 첫째의 박탈감과 문제 행동 강화

첫째는 아직까지 자신이 독차지했던 부모의 사랑을 둘째에게 빼앗겼다는 박탈감을 느끼고, 어린 동생을 경쟁자로 느껴 힘으로 괴롭히거나, 무관심한 부모의 태도에 무기력한 모습을 보입니다. 또한 엄마 앞에서는 문제 행동을 자주 하고, 안전을 위협하는 돌출 행동을 하는 등 관심을 유도하려는 행동을 강화합니다.

─── TIP 첫째 그리고 엄마의 마음 이해하기 ───

그렇다면 이와 같은 문제 상황과 오해가 발생했을 때 아빠는 어떻게 하는 것이 좋을까요?

① 엄마에 대한 지지

아빠는 먼저 엄마가 느끼는 상황을 이해하기 위해 노력하고, 정서적 지지를 하는 것이 무엇보다 중요합니다. 특히 엄마가 체력과 정신적으로 매우 힘든 상황이라면 일시적으로 주변 친지들의 도움을 받거나, 첫째 또는 둘째를 일정 시간 돌봐 줄 수 있는 곳을 찾아보는 것도 좋습니다.

② 적극적인 양육 참여

아빠는 엄마를 대신해 가사에 적극 참여하고, 특히 소외감을 느낄 수 있는 첫째와 놀이라는 무기로 관심을 보이며 소통을 강화할 수 있습니다. 이러한 아빠의 행동은 엄마가 둘째에게 좀 더 집중할 수 있는 환경을 만들고 또한 첫째에게도 관심을 가질 수 있는 여건을 조성할 수 있습니다.

③ 아빠와 엄마의 양육 태도 일치

아빠가 엄마를 정서적으로 지지하고 양육에 적극 참여하게 되면, 아빠와 엄마가 자녀를 대하는 양육 태도가 점차 일치해 갑니다. 첫째 아이는 동일한 아빠와 엄마의 양육 태도를 보며 혼란이 줄어들고, 자신의 생각과 행동을 조절할 수 있는 능력이 생깁니다. 엄마 역시 첫째에게 짜증내거나 혼내는 일이 줄어들면서 둘째를 보살필 수 있는 여력도 갖게 됩니다.

④ 첫째에 대한 정서적 지지와 관심

아빠는 둘째가 태어났을 때 첫째가 보이는 평소와 다른 행동을 문제 행동으로 오해하지 말아야 합니다. 첫째라는 서열을 근거로 아이에게 형이나 언니 같은 행동을 강요하기보다는, 혹시 첫째가 박탈감이나 소외감을 느끼지 않았는지 정서를 헤아려야 합니다. 첫째는 여전히 아빠와 엄마의 사랑이 간절히 필요한 나이이며, 환경의 변화가 큰 상황임을 이해하고 관심을 더 가져야 합니다.

⑤ 안전은 최우선

첫째가 안전을 위협하는 돌출 행동을 하면 먼저 안전을 확보해야 하지만, 훈계보다는 아이의 감정을 받아 주는 것이 우선입니다. 아이가 충분히 아빠로부터 사랑받고 있다는 정서를 충족시킨 후, 차분히 이해할 수 있도록 설명과 주의를 주고 소통해야 합니다.

⑥ 첫째에게 동생에 대한 역할 주기

자신의 정서적 소외감이 충분히 채워졌을 때 비로소 첫째는 동생을 가족으로 받아들일 수 있는 마음의 여력을 갖게 됩니다. 작은 일이지만 첫째가 동생을 돌보거나 애정을 표현할 수 있는 기회를 주는 것도 좋습니다. 예를 들어 동생의 분유병을 가져오거나 유모차를 끌게 하고, 이러한 바람직한 행동에 대한 아빠의 칭찬이 필요합니다. 소소한 방법을 통해 부모는 첫째와 상호 작용을 강화할 수 있고, 첫째는 동생을 아끼는 방법을 자연스럽게 습득하며 자존감도 키울 수 있습니다.

화목한
가정

〈이웃집 토토로〉

열한 살 사츠키와 네 살 메이는 몸이 좋지 않은 엄마의 요양을 위해, 공기 좋은 시골 마을로 이사합니다. 엄마는 집 인근에 있는 요양 병원에서 치료를 받고, 아빠와 두 자매는 허름하지만 마당이 널찍하고 나무도 많은 시골집에서 살게 됩니다. 아빠는 대학에서 연구원으로 일하며 두 딸을 보살피고, 언니 사츠키는 아빠와 자신의 도시락을 직접 싸는 것은 물론 동생 메이도 돌보는 의젓한 아이입니다. 하지만 이웃집에 사는 남자아이 칸타는 그 집에서 도깨비가 나온다며 엉뚱한 이야기를 하지만, 두 자매는 새로운 환경에 잘 적응해 갑니다. 어느 날 언니는 학교에 가고 메이 혼자 마당 이곳저곳을 돌아다니며 탐색을 하는데, 한 번도 본 적이 없는 낯선 동물이 마당을 가로질러 나무 사이로 사라지는 것을 보게 됩니다. 호기심 많은 메이는 신기한 동물을 찾기 위해 나무 사이를 돌아다니다, 우연히 큰 틈을 발견하고 용감하게 안으로 들어갑니다. 과연 메이는 마당에서 본 신기한 동물을 찾을 수 있을까요? 그리고 엄마는 건강을 회복하고 집으로 돌아와 예쁜 딸들과 함께 행복하게 살게 될까요?

아빠 생각

이 영화는 가족이 서로를 아끼는 애틋함과 따스한 마음을 잘 표현하고 있습니다. 비록 엄마는 몸이 좋지 않아 가족과 떨어져 있지만, 아빠는 그런 아내의 자리를 메우며 아이들을 세심하게 돌보고, 언니 메이도 아직 나이는 많지 않지만 자신이 할 수 있는 일을 찾아 해내며 동생을 살뜰히 보살핍니다. 엄마의 부재가 아이들에게 결핍으로 이어질 수 있지만, 끈끈한 가족애로 부족한 부분을 서로 보듬어 가는 모습이 아름답습니다.

MOVIE INFORMATION

이웃집 토토로

개봉 2001년, 2019년 재개봉

제작국 일본

분류 애니메이션, 가족, 판타지

출연 히다카 노리코(사츠키), 사카모토 치카(메이), 타카기 히토시(토토로) 등

연령 만 4세 이상

런닝타임 87분

제 아내는 평소 체력이 그다지 좋은 편이 아니어서 힘이 많이 드는 바깥 활동은 되도록 자제하고, 자신의 몸을 아끼며 주어진 시간을 꼼꼼히 활용하는 편입니다. 반면 저는 여행이나 활동적인 것을 좋아하고 계획보다는 순간순간 상황에 맞춰 발빠르게 대처하는 스타일이어서, 결혼 초기에 저희 부부는 이런 차이로 인해 적잖은 갈등을 겪었습니다. 지금 돌이켜 생각하면 서로 다르다는 것에 집중하기 보다는 다름을 인정하고 조화를 찾았으면 좋았겠지만, 당시는 그런 생각과 행동이 그리 쉽지 않았습니다. 그러다 아이가 태어나고 돌이 지나 걷기 시작하고 조금씩 밖으로 다닐 수 있게 되면서, 주말에는 저와 아이가 단둘이 보낼 수 있는 시간을 갖게 되었습니다. 아내는 저와 아이가 밖에 나간 사이, 주중에 육아로 지친 몸과 마음을 조금은 쉴 수 있는 시간적 여유를 갖게 되었습니다. 만약 제가 외출을 좋아하지 않는 아내를 핑계로 아이 돌보는 것을 외면하고 주말마다 취미 생활에 몰두했다면, 과연 우리 집은 어떻게 됐을까 하는 생각이 듭니다. 저야 주말마다 즐거웠겠지만 아마도 아내는 육체적인 한계와 정신적 스트레스로 버티기 힘들었을 것이고, 아이도 그런 아빠와 엄마 사이에서 건강하게 자라기 어려웠을 겁니다. 재미있는 것은 아들은 엄마와 함께하는 바깥 활동이 많지 않은 것 자체에 대한 아쉬움은 있지만, 아빠와 충분한 시간을 보냈기에 큰 불만이 없습니다. 오히려 엄마의 상황을 보며 있는 그대로 이해하고 배려할 줄 아는 아이로 성장했고, 마치 사츠키처럼 배려심 있고 사회성 좋은 아이로 인정받고 있습니다. 살다 보면 남편이 모자란 부분이 있고 반대로 아내의 부족한 면도 있지만,

그런 부족한 점만 배우자의 눈에 들어온다면 부부 생활이 쉽지 않겠죠. 남이 가진 것을 부러워하기 보다는 내가 가진 환경을 소중히 여기며, 서로의 약점을 메우고 격려하며 살아가는 것이 행복한 가정을 만들어 가는 방법이 아닐까요?

TIP 행복의 조건

하버드대학 성인발달연구소는 조지 베일런트(George E. Vaillant) 교수를 중심으로, 1930년대 말 하버드대학에 입학한 2학년생 268명을 대상으로 행복에 대한 연구를 시작합니다. 이들 중 많은 분들이 이미 세상을 떠났지만, 인생 전체를 긴 안목으로 바라본 이 연구는 지금도 진행되고 있습니다(참고43). 조지 베일런트 교수는 연구의 중간 보고서 형식으로 삶을 관통하는 행복의 조건을 다음 일곱 가지로 정리합니다. '①고통에 대응하는 성숙한 방어 기재 ②교육 ③안정된 결혼생활 ④금연 ⑤금주 ⑥운동 ⑦알맞은 체중'입니다.

사실 일곱 가지가 무엇일까 예상해 보면서 가정이나 부부, 자녀에 대한 내용이 많으리라 생각했지만, 의외로 금연, 금주, 운동, 체중처럼 건강과 직접적으로 관련된 점이 많아서 조금 놀랐습니다. 반면 책을 읽어 가면서 이런 요인들이 단순히 신체에 한정된 것이 아니라, 정신과 상호 작용하면서 삶 전체 그리고 행복에 큰 영향을 미친다는 것을 알게 되었습니다. 그리고 '안정된 결혼생활' 속에 가정, 부부, 자녀 관계의 중요성이 잘 드러나 있으며, 연구자는 삶의 태도와 관련된 '고통에 대응하는 성숙한 방어기재'와 '교육'의 중요성도 강조합니다. 이러한 행복의 조건을 아빠와 자녀 관계에서 살펴보면, 평상시 아빠가 자녀에게 강조하는 훈육, 보살핌, 교육, 습관이 행복과 동떨어진 것이 아니라는 것을 알 수 있습니다. 결국 행복이란 우리 손에 닿지 않는 추상적인 개념이 아니라, 사츠키와 메이의 아빠처럼 우리를 둘러싼 환경을 긍정적으로 인식하고, 자녀와 아내를 깊이 사랑하고 배려하는 소박한 삶이 아닐까 생각해 봅니다.

조부모
양육
〈집으로〉

일곱 살 상우는 외딴 시골 마을에 혼자 살고 계신 외할머니를 엄마 손에 이끌려 처음 만나게 됩니다. 엄마와 아빠는 이미 헤어진 지 오래고, 지금 엄마는 직장을 잃고 상우를 돌볼 여력이 없는 상황에서, 어쩔 수 없이 상우는 두 달 동안 외할머니 집에서 살기로 합니다. 상우는 할머니가 차려 주신 음식은 입맛에 맞지 않아 손도 대지 않은 채, 엄마가 두고 간 약간의 햄과 라면으로 끼니를 해결합니다. 그리고 무료한 시간을 빈둥빈둥 휴대용 게임을 하며 때워 보지만, 어느새 배터리가 모두 나가 버리자 이제 상우는 외롭고 심심해서 어찌할 바를 모릅니다. 그러다 장난기가 발동한 녀석은 말을 하지 못하는 할머니를 놀리고 고무신을 숨기며 짓궂은 장난을 치고, 게임기 배터리를 사기 위해 할머니의 은비녀를 몰래 훔치기도 합니다. 하지만 할머니는 언제나 버릇없는 손자를 지그시 바라보실 뿐 아무런 내색을 하지 않습니다. 과연 철부지 손자와 말 못하는 외할머니의 두 달 간의 동거는 잘 마무리될 수 있을까요?

 아빠 생각

　얼마 전 두 아들을 둔 엄마와 잠시 이야기를 나누게 됐는데, 이분은 둘째 출산 후 육아 휴직을 마치고 직장 복직때문에 당분간 두 아이를 친정어머니께 맡겼다고 합니다. 이 엄마는 첫째 때 친정어머니가 아이를 잘 돌봐 주셔서 이번에도 별다른 걱정을 하지 않았는데, 얼마 지나지 않아 친정어머니가 두 명의 손자 돌보는 일에 큰 부담을 느끼셨다고 합니다. 예상치 못한 상황에 당황했지만 엄마는 돈이 좀 들더라도 친정어머니와 함께 아이들을 돌봐 줄 아주머니를 물색했습니다. 하지만 아주머니는 쉽

MOVIE INFORMATION

집으로

개봉 2002년, 2019년 재개봉

제작국 한국

분류 드라마, 가족

출연 김을분(할머니), 유승호(상우) 등

연령 초등학생 이상

런닝타임 87분

게 구해지지 않았고, 어쩔 수 없이 친정어머니 혼자 아이들을 돌볼 수밖에 없었습니다. 하루는 친정어머니가 몸이 몹시 좋지 않다고 해서 병원에 가셨다가 뜻밖의 일이 벌어지는데, 어머니가 심한 우울증으로 당분간 휴식이 필요하다는 진단을 받았다고 합니다. 당황한 엄마는 여러 여건을 고민하다가 결국 회사에 휴직계를 내게 됐고, 당분간 본인이 아이들을 돌보며 친정어머니 치료도 병행하기로 했다고 합니다.

저는 조부모가 손주를 키우면 체력적인 한계를 느끼고 스트레스도 상당히 받는다는 것을 알고 있었지만, 이렇게 우울증까지 걸릴 정도의 부담이라고 생각하지는 못했습니다. 아마도 영화 속 상우의 할머니도 예고도 없이 나타난 딸이 일곱 살 손자를 두고 떠났을 때 그리 마음이 편하지는 않으셨을 겁니다. 우스갯소리로 '우리 나라를 지키는 사람 중 이 사람들이 없으면 당장 나라가 망할지도 모른다'는 퀴즈가 있습니다. 정답은 바로 '장모님'입니다. 결혼한 딸 그리고 손주를 위해 걱정과 수고하시는 처가와 친가 부모님의 노고가 결코 작지 않음을 말해줍니다. 그런 조부모님들이 손주 양육에 동참하실 때 진정으로 감사한 마음을 갖고, 함께 행복한 양육이 될 수 있도록 지혜를 모으는 것이 필요합니다.

── TIP 조부모에게 자녀를 맡길 때 주의사항 ──

조부모에게 자녀를 맡겨야 하는 부모에게 이원영 교수(참고44)는 다음과 같이 말합니다.

첫째, 조부모가 자녀를 돌봄으로 인해 희생하는 것을 기억한다. 조부모는 손자녀를 돌보느라 쉬어야 할 때 쉬지 못하며, 편안하게 사람들을 만날 수 없어 어려움을 겪습니다. 조부모가 신체적으로 힘들어 아이에게 화를 내면 아이가 상처를 받을까 염려하기보다는, 연로하신 부모님의 에너지를 충전시켜 드릴 수 있는 방안을 마련해야 합니다. 늘 감사하는 태도와 존경심을 가져야 합니다.

둘째, 친부모가 양육의 책임자임을 기억해야 합니다. 부모는 자녀의 발달적 요구에 대하여 항상 관심을 가져야 합니다. 방관하거나 지나치게 개입하는 것은 자녀를 돌보아 왔던 조부모와 갈등을 겪게 합니다. 조부모의 손자녀 양육에 필요한 경제적 지원은 물론 심리적 지원에 최선을 다해야 합니다.

셋째, 조부모의 양육 태도와 훈육 형태가 부모와 맞지 않는 것은 자녀에게 혼란을 가져올 수 있습니다. 따라서 유아를 둘러싸고 있는 성인들이 함께 의논하고 합의하여 일관성 있게 양육하도록 노력해야 합니다.

참고문헌

참고1. 육아정책연구소 (2013). 영유아 미디어 노출실태 및 보호대책 48~51p.

참고2. 조형숙, 김지혜, 김태인 (2008). 영유아기 자녀를 둔 아버지가 추구하는 아버지상에 대한 연구. 유아교육학논집, 12(1), 239-264p.

참고3. Lamb, M. E. (2010). The role of the fathers in child development. Wiley.

참고4. 보건복지부 (2017). 2017 전국아동학대 현황보고서. 234, 240p.

참고5. 네이버사전 https://dict.naver.com.

참고6. 탁경운 (2015). 나의 직업은 아빠입니다. 고즈원.

참고8. EBS 파더쇼크 제작팀 (2013). 파더쇼크 76~79p. 쌤앤파커스.

참고11. 여성가족부 (2018). 전국 다문화 실태조사 연구. 3~4p.

참고12. 통계청 (2019). 인구/가구 통계.

참고13. EBS 놀이터 프로젝트 1부 (2013.12.09). 위험한 놀이터로 오세요 방송내용.

참고14. 유튜브 https://www.youtube.com 나는 아버지입니다 – Team Hoyt.

참고16. 네이버영화 https://movie.naver.com. 사도.

참고18. Donna S. Wittmer, Sandra H. Petersen (2011). 영아발달과 반응적 교육 –관계 중심 접급법– (이승연 外 역) 99~101p. 학지사.

참고19. 방인옥외 11명 (2008). 유아교육개론 105~107p. 정민사.

참고20. Margot Sunderland (2009). 육아는 과학이다 (노혜숙 역) p18~36p. 프리미엄북스.

참고21. SBS 〈우리 아이가 달라졌어요〉 (2014.6.27). 423회. 머리 자르기 싫어 싫어요!! 4살, 은유. 방송내용.

참고22. 방인옥외 11명 (2008). 유아교육개론 82~83p. 정민사.

참고24. 한국청소년정책연구원 (2016). 한국 아동 · 청소년 인권실태 연구VI : 2016 아동 · 청소년 인권실태조사 통계 56, 60, 66p.

참고26. EBS 놀이의 반란 기획팀 (2013). 놀이의 반란 10p. 지식너머.

참고27. Pruett, K. D. (2000). Why father care is a essential as mother care for your child. New York: The Free Press.

참고29. 김낙흥 (2011). 바람직한 아버지의 역할과 역할수행의 어려움, 사회적 차원에 대한 고찰. 미래교육학회지, 18(2), 79-98p.

참고30. Richard Fletcher (2012). 0~3세, 아빠육아가 아이 미래를 결정한다 (김양미 역) 136~176p. 글담출판사.

참고31. 박찬옥, 정남미, 곽현주 (2008). 놀이지도 47~53p. 정민사.

참고32. EBS (2009). 아기성장보고서 39~48p. 예담.

참고33. SBS 〈영재발굴단〉 (2015.10.28) 32회. 화학을 사랑하는 여덟 살 신희웅 방송내용.

참고34. 전도근 (2012). 아이의 숨은 잠재력을 끌어내는 아빠 대화법 34~36p. 지식너머.

참고35. 김근규 (2017). 아버지교육개론 160~169p. 성균관대학교 출판부.

참고36. KBS 〈생활체육 개혁 특집 다큐〉 (2009.12.13) 스포츠 대디 방송 내용.

참고37. 정지용, 김낙흥, 김지혜, 유은영 (2010). 아버지의 스포츠 활동 프로그램 참여에 따른 유아 자아유능감 및 아버지 양육참여의 변화. 유아교육학논집, 14(5), 349-365p.

참고38. 지성애 외 7명 (2018) 유아교육개론 114~116p. 정민사.

참고39. 지성애 외 7명 (2018) 유아교육개론 111~114p. 정민사.

참고40. EBS (2012). 아버지의 성 47~60p. 베가북스.

참고41. 육아정책연구소 (2016). 아버지 양육참여 실태 및 역량 강화 방안 84~135p.

참고42. 조윤진 (2017). 유아기 자녀를 둔 부부의 부모역할신념과 어머니 문지기역할, 부부 공동양육의 관계. 이화여자대학교 대학원 박사학위논문.

참고43. George E. Vaillant (2010). 행복의 조건 (이덕란 역). 프론티어.

인용문헌

참고7. Donna S. Wittmer, Sandra H. Petersen (2011). 영아발달과 반응적 교육 –관계중심 접급법– (이승연 外 역) 70p 27줄~71p 6줄. 학지사.

참고10. Richard Fletcher (2012). 0~3세, 아빠육아가 아이 미래를 결정한다 (김양미 역) 아빠가 아이의 성장에 미치는 영향에 대한 연구 사례. 글담출판사.

참고15. 김용익 (2014). 자녀 양육에 적극적인 아버지의 양육경험 및 의미에 대한 연구 37p. 중앙대학교 대학원 석사학위 논문. 37p 6~12줄.

참고17. 박미자 (2014). 중학생 아빠가 필요한 나이 44~46p. 들녘.

참고23. EBS 10대 성장 보고서 제작팀 (2012). 10대 성장 보고서 71~78p. 동양북스.

참고25. EBS 10대 성장 보고서 제작팀 (2012). 10대 성장 보고서 49p 11~17줄, 120p 23줄~121p 17줄. 동양북스.

참고28. 이승욱, 신희경, 김은산 (2012). 대한민국 부모 93p 18줄~94p 10줄. 문학동네.

참고44. 이원영, 이태영, 강정원 (2008). 영유아 교사를 위한 부모교육 72p 3~14줄. 학지사.